新时代乡村振兴丛书

西藏茶园
生态栽培实用图说

杨杰　黎健龙　杨子银◎主　编
彭红　张云峰　曾兰亭◎副主编

SPM 南方传媒 | 广东科技出版社
全国优秀出版社
·广州·

图书在版编目（CIP）数据

西藏茶园生态栽培实用图说 / 杨杰，黎健龙，杨子银主编. -- 广州：广东科技出版社，2025.5
（新时代乡村振兴丛书）
ISBN 978-7-5359-8317-6

Ⅰ. ①西… Ⅱ. ①杨… ②黎…③杨… Ⅲ. ①茶园—栽培技术—图解 Ⅳ. ①S571.1-64

中国国家版本馆CIP数据核字（2024）第076762号

西藏茶园生态栽培实用图说
Xizang Chayuan Shengtai Zaipei Shiyong Tushuo

出 版 人：严奉强
责任编辑：于 焦 区燕宜
封面设计：柳国雄
责任校对：韦 玮
责任印制：彭海波 林记松
出版发行：广东科技出版社
（广州市环市东路水荫路11号 邮政编码：510075）
销售热线：020-37607413
https://www.gdstp.com.cn
E-mail：gdkjbw@nfcb.com.cn
经 销：广东新华发行集团股份有限公司
排 版：创溢文化
印 刷：广州市彩源印刷有限公司
（广州市黄埔区百合三路8号 邮政编码：510700）
规 格：889 mm × 1 194 mm 1/32 印张5 字数100千
版 次：2025年5月第1版
2025年5月第1次印刷
定 价：30.00元

《西藏茶园生态栽培实用图说》编委会

组织单位：中国科学院华南植物园
广东省农业科学院茶叶研究所
林芝市农业农村局
西藏林芝市易贡茶场
波密县藏芝星农业科技有限公司
林芝圣维农业发展有限责任公司

主　　编：杨　杰　黎健龙　杨子银
副 主 编：彭　红　张云峰　曾兰亭
参编人员：唐劲驰　辜大川　农红秋　王贞红
张邱明　王　淼　钱佳佳　廖茵茵
朱　晨　农红艳　陈义勇

前　言

Qianyan

西藏具有悠久且独特的饮茶文化，茶产业作为西藏特色产业，对西藏经济发展具有重要的推动作用。分析西藏茶产业区域特点和优势，总结适用于西藏茶园的生态栽培技术，在提高茶叶产量、保障茶叶品质、降低生产成本、提高劳动效率和经济效益方面具有指导作用，同时对西藏茶产业高质量发展具有较强的指导意义。

བོད་ལྗོངས་ལ་དུས་ཡུན་རིང་ཞིང་ཐུན་མོང་མ་ཡིན་པའི་ཇ་བཏུང་རིག་གནས་ཡོད་པ་དང་། ཇ་ལོ་ཐོན་ལས་ནི་བོད་ལྗོངས་ཀྱི་ཁྱད་ལྡན་ཐོན་ལས་ཤིག་ཡིན་པས། དཔལ་འབྱོར་འཕེལ་རྒྱས་ལ་སྐུལ་འདེད་ཀྱི་ནུས་པ་གལ་ཆེན་ཐོན་ཡོད། བོད་ལྗོངས་ཇ་ལོ་ཐོན་ལས་ཀྱི་ས་ཁོངས་ཁྱད་ཆོས་དང་ལེགས་ཆར་དབྱེ་ཞིབ། བོད་ལྗོངས་ཇ་གླིང་དང་འཚམ་པའི་སྐྱོད་བཅུད་འདེབས་གསོའི་ལག་རྩལ་ཕྱོགས་སྒྲིག་བྱེད་ཐུབ་ན། ཇ་ལོ་ཐོན་ཚད་མཐོར་འདེགས་དང་ཇ་ལོ་སྤུས་ཚད་འགན་ལེན། ཐོན་སྐྱེད་མ་གནས་ཇེ་དམའ་དང་ངལ་རྩོལ་ལས་ཕྱོད་ཇེ་མཐོ། གཞན་དཔལ་འབྱོར་ཕན་འབྲས་ཆེ་རུ་གཏོང་པ་བཅས་ཀྱི་ཐད་མཛུབ་ཁྲིད་ཀྱི་ནུས་པ་ཆེན་པོ་ལྡན། དེ་དང་ཆགས་ཅིག་བོད་ལྗོངས་ཇ་ལོ་ཐོན་ལས་ཀྱི་སྤུས་མཐོ་འཕེལ་རྒྱས་འགྲོ་རྒྱུར་མཛུབ་ཁྲིད་ཀྱི་དོན་སྙིང་ལྡན།

西藏茶产业在中华人民共和国成立初期开始发展，随着扶持力度的不断增强，茶产业已成为当地实现农民增收致富、稳边固边的主导产业之一。从发展的整体状况来看，西藏茶产业发展速度较快，呈现出良好的发展势头，但总体上还存在一些亟待解决的突出问题。目前西藏茶园生态栽培缺乏系统的技术指导，新、老茶园规划不科学，种植技术不规范，生产管理不到位等，严重影响了茶叶产量与品质安全。

བོད་ལྗོངས་ཇ་ལོ་ཐོན་ལས་ནི་ཀྲུང་ཧྭ་མི་དམངས་སྤྱི་མཐུན་རྒྱལ་ཁབ་དབུ་བཙུགས་པའི་དུས་མགོར་དར་ཞིང་། རོགས་སྐྱོར་བྱེད་ཤུགས་རྒྱུན་ཆད་མེད་པར་ཆེ་རུ་ཕྱིན་པ་དང་བསྟུན་ནས། ཇ་ལོ་ཐོན་ལས་དེ་ཞིང་པའི་འབབ་འཕར་ཕྱུག་འགྱུར་དང་མཐའ་བརྟན་དམངས་ཕྱུག་གི་གཙོ་ཁྲིད་ཐོན་ལས་གྲས་ཤིག་ཏུ་གྱུར་ཡོད། བོད་ལྗོངས་ཇ་ལོ་ཐོན་ལས་འཕེལ་རྒྱས་ཀྱི་སྤྱིའི་གནས་ཚུལ་ལ་བལྟས་ན། ཇ་ལོ་ཐོན་ལས་མགྱོགས་མྱུར་ངང་འཕེལ་རྒྱས་ཕྱིན་ནས་འཕེལ་ཚུལ་ལེགས་པའི་རྣམ་པ་མངོན་སོང་། འོན་ཀྱང་ཐག་གཅོད་བྱེད་དགོས་པའི་མངོན་གསལ་དོད་པའི་གནད་དོན་ཁག་གཅིག་ཀྱང་ཐོན་ཡོད། མིག་སྔར་བོད་ལྗོངས་ཇ་སྐྱིང་གི་སྟོད་བཅུད་འདེབས་འཛུགས་ལ་འཐུས་སྐྱོ་ཚང་བའི་ལག་རྩལ་མཛུབ་ཁྲིད་མི་འདང་བ་དང་། ཇ་སྐྱིང་གསར་སྤེང་གི་འཆར་འགོད་ཚན་རིག་དང་མི་མཐུན་ཞིང་། འདེབས་འཛུགས་ལག་རྩལ་ཚད་ལྡན་མིན་པ། ཐོན་སྐྱེད་དོ་དམ་གནད་ལ་མི་འཕེལ་བ་སོགས་ཀྱི་གནད་དོན་གྱིས་ཇ་ལོ་ཐོན་ཚད་དང་སྤུས་ཚད་ལ་ཤུགས་རྐྱེན་ཚབས་ཆེན་ཐོན་ཡོད།

本书共分八章，主要针对西藏茶园茶树栽培端的重要环节，分别介绍了西藏茶园现状、茶园基地选择与建设、茶树品种选择与种植技术、茶树修剪与采摘、土壤管理技术及降氟措施、病虫害绿色防控技术、常见病虫害及防治方法、主要自然灾害及应对措施等内容。同时在各章节附有相关照片，以便读者更好地识别和操作。

དེབ་འདིར་ཁྱོན་བསྡོམས་ལེའུ་བརྒྱད་ཡོད། བོད་ལྗོངས་ཇ་སྐྱིང་གི་ཇ་སྡོང་འདེབས་གསོ་བྱ་ཡུལ་གྱི་ལྟེ་ཚིགས་གལ་ཆེན་ལ་དམིགས་ཏེ། གཙོ་བོར་བོད་ལྗོངས་ཇ་སྐྱིང་གི་མིག་སྔར་གནས་ཚུལ། ཇ་སྐྱིང་གི་རྟེན་གཞི་གདམ་གསེས་དང་འཛུགས་སྐྲུན། ཇ་སྡོང་གི་རིགས་སྣ་གདམ་གསེས་དང་འདེབས་འཛུགས་ལག་རྩལ། ཇ་སྡོང་གི་གཅོད་གཏུབ་དང་འཐུ་འཐོག ས་རྒྱུའི་དོ་དམ་ལག་རྩལ་དང་ཧྥུལ་ཉུང་གཏོང་རྒྱུའི་བྱ་ཐབས། ནད་འབུའི་གནོད་པར་ལྗང་མདོག་སྔོན་འགོག་ཚོད་འཛིན་ལག་རྩལ། བོད་ལྗོངས་ཇ་སྐྱིང་གི་རྒྱུན་མཐོང་ནད་འབུའི་གནོད་འཚེ་དང་འགོག་བཅོས་བྱེད་ཐབས། བོད་ལྗོངས་ཀྱི་རང་བྱུང་གནོད་འཚེ་གཙོ་བོ་དང་ཐག་གཅོད་བྱེད་ཐབས་སོགས་ཀྱི་ནང་དོན་ངོ་སྤྲོད་བྱས་ཡོད། དེ་དང་ཆབས་ཅིག ད་དུང་ལེའུ་རེ་རེའི་ནང་དུ་འབྲེལ་ཡོད་འདྲ་པར་དང་བསྟན་ནས། ཀློག་པ་པོའི་དབྱེ་འབྱེད་དང་བཀོལ་སྤྱོད་བྱ་རྒྱུར་སྔར་ལས་ལྷག་པར་སྟབས་བདེ་བསྐྲུན་ཡོད།

本书具有较强的针对性、实用性和易读性，可为西藏茶叶企业、茶农、相关技术人员提供实际操作指导，也可供从事茶叶生产和科研工作的相关人员参考使用。汉文、藏文部分参考与依据的资料不同，因此部分描述存在差异。限于编者水平，书中难免存在错漏，敬请专家和读者批评指正。

དེབ་འདིར་དམིགས་སའི་རང་བཞིན་དང་དངོས་སྤྱོད་རང་བཞིན། སློག་བདེ་རང་བཞིན་ལྡན་ལ། བོད་ལྗོངས་ཀྱི་ཇ་ལོ་ཁེ་ལས་དང་ཇ་འདེབས་ཞིང་པ། འབྲེལ་ཡོད་ལག་རྩལ་མི་སྣ་བཅས་ལ་དངོས་སྤྱོད་ཀྱི་མཇུབ་ཁྲིད་ནུས་པ་ཐོན་ལ། དེ་མིན་ཇ་ལོ་ཐོན་སྐྱེད་དང་ཚན་རིག་ཞིབ་འཇུག་ལས་དོན་གྱི་འབྲེལ་ཡོད་མི་སྣར་དཔྱད་གཞིའི་ནུས་པ་ཐོན་སྲིད། རྩོམ་སྒྲིག་པའི་ཆུ་ཚད་ལ་ཚད་ཡོད་པའི་རྐྱེན་གྱིས་དཔེ་ཆའི་ནང་དུ་ནོར་འཁྲུལ་རེ་འགའ་བྱུང་ཡོད་ཚེ། རིག་ལྡན་གྱི་སློག་པ་པོ་རྣམས་ཀྱིས་སྐྱོན་བརྗོད་དང་ཡོ་བསྲང་གནང་བར་ཞུ།

编者

2024年12月

目　录

Mulu

第一章　西藏茶园现状 / 001

ལེའུ་དང་པོ།　བོད་ལྗོངས་ཇ་གླིང་གི་མིག་སྔར་གནས་ཚུལ། / 001

第二章　茶园基地选择与建设 / 005

ལེའུ་གཉིས་པ།　ཇ་གླིང་གི་རྟེན་གཞི་གདམ་གསེས་དང་འཛུགས་སྐྲུན། / 005

一、选址与规划 / 006

དང་པོ།　རྟེན་གཞི་གདམ་གསེས་དང་འཆར་འགོད། / 006

二、茶园开垦与基肥 / 013

གཉིས།　ཇ་གླིང་གསར་སློལ་དང་རྨང་ལུད། / 013

三、生态低碳茶园建设规划 / 018

གསུམ།　སྐྱེ་ཁམས་ཐན་ཀུང་ཇ་གླིང་འཛུགས་སྐྲུན་གྱི་འཆར་འགོད། / 018

四、低碳茶园生态系统结构 / 021

བཞི།　ཐན་ཀུང་ཇ་གླིང་གི་སྐྱེ་ཁམས་མ་ལག་གྲུབ་ཚུལ། / 021

第三章　茶树品种选择与种植技术 / 023

ལེའུ་གསུམ་པ།　ཇ་སྡོང་གི་རིགས་སྣ་གདམ་གསེས་དང་འདེབས་འཛུགས་ལག་རྩལ། / 023

一、茶树品种和茶苗选择 / 024

གཅིག　ཇ་སྡོང་གི་རིགས་སྣ་དང་སྡོང་ཕྲན་གདམ་གསེས། / 024

二、合理种植 / 025

གཉིས།　ལུགས་མཐུན་གྱིས་འདེབས་འཛུགས། / 025

三、种植技术 / 029

གསུམ།　འདེབས་འཛུགས་ལག་རྩལ། / 029

第四章　茶树修剪与采摘 / 035
ལེའུ་བཞི་པ། ཇ་སྡོང་གཅོད་བཏུབ་དང་འཐུ་འཐོག / 035

一、修剪 / 036
གཅིག གཅོད་གཏུབ་ / 036

二、采摘 / 045
གཉིས། འཐུ་འཐོག / 045

第五章　土壤管理技术及降氟措施 / 047
ལེའུ་ལྔ་པ། ས་རྒྱུའི་དོ་དམ་ལག་རྩལ་དང་ཧྥུལ་ཞུང་གཏོང་རྒྱུའི་བྱ་ཐབས། / 047

一、土壤管理技术 / 048
གཅིག ས་རྒྱུའི་དོ་དམ་ལག་རྩལ། / 048

二、土壤降氟措施 / 064
གཉིས། ས་རྒྱུའི་ཧྥུལ་ཞུང་གཏོང་རྒྱུའི་བྱ་ཐབས། / 064

第六章　病虫害绿色防控技术 / 067
ལེའུ་དྲུག་པ། ནད་འབུའི་གནོད་པར་ལྗང་མདོག་སྔོན་འགོག་ཚོད་འཛིན་གྱི་ལག་རྩལ། / 067

一、生态调控 / 068
གཅིག སྐྱེ་ཁམས་སྙོམས་སྒྲིག / 068

二、预测预报技术 / 073
གཉིས། ཉེན་ཟོན་སྔོན་བརྡའི་ལག་རྩལ། / 073

三、生物防治 / 075
གསུམ། སྐྱེ་དངོས་ཀྱི་འགོག་བཅོས། / 075

四、物理防治 / 083
བཞི་པ། དངོས་ལུགས་འགོག་བཅོས། / 083

五、科学用药 / 087
ལྔ། ཚན་རིག་དང་མཐུན་པའི་སྨན་རྫས། / 087

第七章 常见病虫害及防治方法 / 089
ལེའུ་བདུན་པ།　བོད་ལྗོངས་ཇ་ཤིང་གི་རྒྱུན་མཐོང་ནད་འབུ་གནོད་འཚེ་དང་འགོག་བཅོས་བྱེད་ཐབས། / 089

一、常见病害及防治方法 / 090
གཅིག　ཇ་ཤིང་གི་རྒྱུན་མཐོང་གནོད་འཚེ་དང་འགོག་བཅོས་བྱེད་ཐབས། / 090

二、常见害虫及防治方法 / 109
གཉིས།　ཇ་ཤིང་གི་རྒྱུན་མཐོང་གནོད་འབུ་དང་འགོག་བཅོས་བྱེད་ཐབས། / 109

第八章　主要自然灾害及应对措施 / 135
ལེའུ་བརྒྱད་པ།　བོད་ལྗོངས་ཀྱི་རང་བྱུང་གནོད་འཚེ་གཙོ་བོ་དང་ཐག་གཅོད་བྱེད་ཐབས། / 135

一、冷害和冻害 / 136
གཅིག　འཁྱག་པའི་གནོད་འཚེ། / 136

二、高温干旱 / 139
གཉིས།　དྲོད་མཐོའི་ཐན་སྐྱོན། / 139

三、水涝 / 141
གསུམ།　ཆོད་སྐྱོན། / 141

参考文献 / 145
དཔྱད་གཞིའི་ཡིག་ཆ། / 145

第一章　西藏茶园现状

ལེའུ་དང་པོ།　བོད་ལྗོངས་ཇ་སྐྱིང་གི་མིག་སྔར་གནས་ཚུལ།

茶树是山茶科山茶属的一种多年生常绿木本植物，喜温、喜湿、畏寒，最适生长温度为20～28℃。西藏地理特征复杂，气候条件极为多样，从东南到西北，依次出现了热带、亚热带、温带、亚寒带和寒带等气候带。因此西藏茶产业主要分布在东南部和南部低海拔区域的林芝市“三县（区）两场”（波密县、墨脱县、察隅县和易贡茶场、察隅农场）、鲁朗景区管理委员会，以及山南市错那市的勒布沟区域。由于西藏特有的环境特点，西藏茶叶种植目前取得了一定成效，具有建设生态低碳茶园的基础，但与内地其他大部分地区茶产业相比，西藏茶产业发展不充分、不平衡，茶园科学管理仍处于探索阶段，茶产业发展任重而道远。目前西藏部分茶园为后期发展起来的新茶园（图1–1），受地理环境的影响，存在茶园选址不科学、规划设计不合理，茶园作业道路、排灌设施不配套，种植茶树品种多而杂，茶农缺乏科学的种茶意识，种植技术标准不统一，管理水平较为落后等问题。以上这些因素导致茶叶的产量和质量不高，达不到现代茶产业应有的水平。此外，西藏各茶区茶叶从业人员受专业化教育和培训程度不足，整体专业素质有待提高，也制约了茶产业的发展和茶产业技术水平的提升。因此亟须进行专业的技术培训和指导，推动茶产业发展的标准化和统一化。

ཇ་སྡོང་ནི་རི་ཇ་ཚན་ཁག་གི་ལོ་མང་སྐྱེ་འཚར་རྒྱུན་ལྗང་རྩི་ཤིང་ཞིག་ཡིན་པ་དང་། དྲོད་བརྙན་ལ་དྭངས་ཤིང་གྲང་ངར་ལ་ཞེན། སྐྱེ་འཚར་ལ་འཚམ་པའི་དྲོད་ཚད20～28℃ཡིན། བོད་ལྗོངས་ཀྱི་ས་བབ་རྙོག་འཛིང་ཆེ་ལ། གནམ་གཤིས་སྣ་མང་ཅན་གྱི་རྣམ་པ་མངོན། ཤར་ལྷོ་ནས་ནུབ་བྱང་བར་རིམ་བཞིན་ཚ་ཁུལ་དང་ཚ་བ་ཕལ་བའི་ཁུལ། དྲོད་ཁུལ། གྲང་ངར་ཕལ་བའི་ས་ཁུལ། གྲང་ངར་ཆེ་བའི་ཁུལ་སོགས་ཀྱི་གནམ་གཤིས་ཁུལ་ཡིན། དེར་བརྟེན་བོད་ལྗོངས་ཇ་ལོ་ཐོན་ལས་དེ་གཙོ་བོ་ཤར་ལྷོའི་རྒྱུད་དང་ལྷོ་རྒྱུད་ཀྱི་ས་བབ་དམའ་བའི་ས་ཁོངས་ཀྱི་ཉིང་ཁྲི་གྲོང་ཁྱེར་དང་རྫོང（ཆུས）གསུམ། ནགས་ཁུལ་གཉིས། སྨུ་ནང་དོ་དམ་ཨུ་ལྷན། ལྷོ་ཁ་གྲོང་ཁྱེར་མཚོ་སྣ་རྫོང་ལེགས་པོ་ལུང་ཤུར་བཅས་སུ་ཁྱབ་ཡོད། བོད་ལྗོངས་དམིགས་བསལ་གྱི་ཁོར་ཡུག་ཁྱད་ཆོས་ལས་མིག་སྔར་བོད་ལྗོངས་ཇ་ལོ་འདེབས་འཛུགས་ལ་ཕན་འབྲས་ངེས་ཅན་ཞིག་ཐོབ་ཡོད་ལ། ཐན་ཙུང་སྡོད་བཅུད་ཀྱི་ཇ་སྐྱིང་འཛུགས་སྐྲུན་རྨང་གཞི་ལྡན་

图1–1　西藏部分茶园现状

པར་རིས1-1 བོད་ལྗོངས་ཇ་སྤྲིང་ཁག་གཅིག་གི་མིག་སྔར་གནས་ཚུལ།

རྒྱང་། འོན་ཀྱང་ནང་ལོག་གི་ཇ་ལོ་ཐོན་ལས་འཕེལ་རྒྱས་ཀྱི་བླང་བྱ་དང་བསྡུར་ཚེ། བོད་ལྗོངས་ཇ་ལོ་ཐོན་ལས་འཕེལ་རྒྱས་ནི་འཕྲུས་སྐྱོ་མི་ཚང་བ་དང་དོ་སྣོམས་མིན་པའི་རྣམ་པ་མངོན། ཇ་སྤྲིང་གི་ཚན་རིག་དོ་དམ་དེ་འཚོལ་ཞིབ་ཀྱི་དུས་མཚམས་སུ་ཡོད་ལ། ཇ་ལོ་ཐོན་ལས་འཕེལ་རྒྱས་ཀྱི་ལས་འགན་ལྷི་ལ་ལམ་ཐག་རིང་། མིག་སྔར་བོད་ལྗོངས་ཇ་སྤྲིང་ཁག་གཅིག་ནི་ཕྱིས་སུ་འཕེལ་རྒྱས་བྱུང་བའི་ཇ་སྤྲིང་གསར་པ་ཡིན། （པར་རིས1-1）འོན་ཀྱང་ས་གཤིས་ཁོར་ཡུག་གི་ཤུགས་རྐྱེན་དང་། ཇ་སྤྲིང་རྟེན་གཞི་གདམ་གསེས་ཚན་རིག་དང་མི་མཐུན་པ། འཆར་འགོད་ལུགས་དང་མི་མཐུན་པ། ཇ་སྤྲིང་གི་ལས་སྒྲུབ་ལམ་ལུ་དང་ཆུ་བེད་སྤྲིག་བཀོད་འཕྲུས་སྐྱོ་མི་ཚང་བ། ཇ་སྡོང་གི་རིགས་སྣ་མང་བ་དང་རྙོག་འཛིང་ཡིན་པ། ཇ་

འདེབས་ཞིང་པར་ཚན་རིག་དང་མཐུན་པའི་ཇ་འདེབས་ཀྱི་འདུ་ཤེས་མེད་པ། འདེབས་འཛུགས་ལག་རྩལ་གཅིག་གྱུར་མེད་པ། ངོ་དམ་གྱི་ཆུ་ཚད་ཞན་རྗེས་ལུས་ཡིན་པ་སོགས་རྒྱུ་རྐྱེན་འདི་དག་ལས་ཇ་ལོ་ཐོན་ཚད་དང་ཇ་ལོ་སྤུས་ཚད་མི་ལེགས་པ་དང་། དེང་རབས་ཇ་ལོ་ཐོན་ལས་འཕེལ་རྒྱས་ཀྱི་དགོས་ངེས་ཆུ་ཚད་དུ་སླེབས་མེད། མིག་སྔར་བོད་ལྗོངས་ཇ་ཁུལ་གྱི་གནས་ཚུལ་ལ་གཞིགས་ན། ཇ་ལོ་གཉེར་མཁན་ལ་ཆེད་ལས་ཀྱི་སློབ་གསོ་དང་གསོ་སྐྱོང་ཡག་པོ་ཐོབ་མེད་པས། ཆེད་ལས་ཀྱི་བྱང་ཚད་ཧྲིལ་པོ་ཇེ་མཐོ་གཏོང་དགོས། གནས་ཚུལ་འདི་རིགས་ཀྱིས་ཇ་ལོ་ཐོན་ལས་འཕེལ་རྒྱས་ཀྱི་གོམ་སྟབས་དང་ཐོན་ལས་ཀྱི་ཆུ་ཚད་མཐོ་རུ་གཏོང་རྒྱུར་བཀག་འགོག་ཚབས་ཆེན་ཐེབས་ཡོད་པས། ཆེད་ལས་ཀྱི་ལག་རྩལ་གསོ་སྐྱོང་དང་མཛུབ་ཁྲིད་བྱས་ནས། ཇ་ལོ་ཐོན་ལས་འཕེལ་རྒྱས་ཚད་གཞི་ཅན་དང་གཅིག་གྱུར་ཅན་དུ་འཕེལ་བར་སྐུལ་འདེད་བྱ་དགོས།

第二章　茶园基地选择与建设

ལེའུ་གཉིས་པ། ཇ་སྡིང་གི་རྟེན་གཞི་གདམ་གསེས་དང་འཛུགས་སྐྲུན།

一、选址与规划
དང་པོ། རྟེན་གཞི་གདམ་གསེས་དང་འཆར་འགོད།

西藏现有部分茶园地处高海拔山区，茶园坡度大，梯面过窄，水土流失严重，土层浅薄，土壤肥力不足，加上茶园作业道路和水利基础设施不配套等，造成茶树生长不良。因此西藏新建茶园在选址时应选择生态适宜区，同时做好设施规划。生态适宜区是指：气候适宜，水源和光照充足，周围生态植被覆盖率较高；土质肥沃（可用有机肥补充），土层深厚，碎石较少，pH为4.5～6.5；空气流通性好，地势较为平坦，坡度一般不超过25°。同时根据茶园地形，兼顾功能性和美观性，进行道路系统规划、排水灌溉系统规划和功能区划分（图2–1）。

ད་ལྟ་ཡོད་པའི་བོད་ལྗོངས་ཇ་ཞིང་ཁག་གཅིག་ནི་ས་བབ་མཐོ་བའི་རི་ཁུལ་དུ་གནས་པ་དང་།ཇ་ཞིང་གི་གཟར་ཚད་ཆེ་ལ།སྐས་ངོས་དོག་དྲགས་པ།ས་ཆུ་ཤོར་ཚད་ཚབས་ཆེ་བ།ས་རིམ་སྲབ་པ།ས་རྒྱུའི་གཤིན་ཚད་མི་འདང་བ། དེ་མིན་ཇ་ཞིང་གི་ལས་སྒྲུབ་ལམ་བུ་དང་ཆུ་བེད་ཀྱི་རྨང་གཞིའི་སྒྲིག་བཀོད་འཕྲུས་ཚང་མེད་པ་སོགས་ཀྱི་རྐྱེན་ལས་ཇ་སྡོང་སྐྱེ་འཚར་ཡག་པོ་མིན། དེར་བརྟེན་བོད་ལྗོངས་ཇ་ཞིང་གསར་པ་དག་སྐོད་བཙུད་འཚམ་པའི་གནས་ཁུལ་འདེམས་དགོས་པ་དང་ཆབས་ཅིག་ཏུ་སྒྲིག་བཀོད་ཀྱི་འཆར་འགོད་ཡག་པོ་སྤེལ་དགོས། སྐྱིའི་ཆ་ནས་གནམ་གཤིས་འོས་འཚམ་དང་ཆུ་ཁུངས་ཉི་འོད་ལེགས་པ། ཉེ་འཁོར་གྱི་སྐྱེ་ཁམས་སྔོ་ཁེབས་ཁྱབ་ཚད་ཅུང་མཐོ་བ། ས་གཤིས་གཤིན་པོ་ཡིན་པ།（སྐྱེ་ལྡན་ལུད་སྦྱད་ནས་ཁ་གསབ་བྱེད་ཆོག）ས་རིམ་མཐུག་པ།རྡོ་རིལ་ཅུང་ཉུང་བ།pHཚད་4.5～6.5ཡིན་པ།མཁའ་རླུང་གི་འགྲོ་རྒྱུག་རང་བཞིན་བཟང་པ། ས་བབ་ཅུང་ཕོད་སྙོམས་པ།གཟར་ཚད་སྤྱིར་བཏང་25°ལས་མི་བརྒལ་བ་བཅས་ཀྱི་ཆ་རྐྱེན་འཛོམས་དགོས། དེ་མིན་ཇ་ཞིང་གི་ས་དབྱིབས་ལ་གཞིགས་ནས། བྱེད་ནུས་རང་བཞིན་དང་མཛེས་དཔྱོད་རང་བཞིན་གཉིས་ཀར་དམིགས་ཏེ། བགྲོད་ལམ་མ་ལག་དང་ཆུ་འབུད་འདྲེན་མ་ལག་གི་འཆར་འགོད་འཛིན་ནས་བྱེད་ནུས་ཁུལ་གྱི་དབྱེ་བ་བགར་དགོས།（པར་རིས2-1）

图2–1　新建茶园选址

པར་རིས2-1 ཇ་སྐྱིང་གསར་པའི་རྟེན་གཞི་གདམ་གསེས།

1. 道路系统

地势平坦、面积较大的西藏新建茶园，应设置便于农事操作的主干道，对外连接运输主路，对内连接茶园生产片区，将主干道路面宽度设置为6～8米（图2-2）。坡度较大、梯面过窄的茶园，也应根据坡度和梯面宽度设置便于农事操作的主干道。按照茶园栽培管理方式设置园内的主要运输支道，支道连接主干道，路面宽4～6米，可作为划分茶园片区的分界线。最后设置通向茶园地块的田间工作道，并和支道相连，路面宽1.5～2米，茶行长度一致，根据茶园大小和梯面宽度设置工作道数量。有条件的茶园，可以在其边缘设置环园路，既能作为茶园内外的分界线，隔离农田或山林，也能起到防止水土流失、抵御园外植物入侵等作用。

1. བགྲོད་ལམ་མ་ལག

བོད་ལྗོངས་ཀྱི་ས་བབ་ཁོད་སྙོམས་ཤིང་རྒྱ་ཁྱོན་ཅུང་ཆེ་བའི་ཇ་སྡིང་གསར་པར་ལས་སྒྲུབ་སྤྱོད་བདེ་བའི་བགྲོད་ལམ་གཙོ་བོ་བཀོད་སྒྲིག་བྱེད་དགོས་ལ། ཕྱི་ཕྱོགས་སུ་སྐྱེལ་འདྲེན་གྱི་བགྲོད་ལམ་དང་སྦྲེལ་ཞིང་། ནང་ཕྱོགས་སུ་ཇ་སྡིང་ཐོན་སྐྱེད་ཁུལ་དང་སྦྲེལ་མཐུད་བྱས་ན་ལེགས། བགྲོད་ལམ་གཙོ་བོ་སྨི6～8བཀོད（པར་རིས2-2）་སྒྲིག་བྱེད་དགོས་ལ། གཟར་ཚད་ཅུང་ཆེ་བ་དང་སྐས་ངོས་གུ་དོག་པའི་ཇ་སྡིང་ལའང་གཟར་ཚད་དང་སྐས་ངོས་ཀྱི་ཞེང་ཚད་ལ་གཞིགས་ནས་ལས་སྒྲུབ་སྤྱོད་བདེ་བའི་བགྲོད་ལམ་བཀོད་སྒྲིག་བྱེད་དགོས། དེ་མིན་ཇ་སྡིང་འདེབས་གསོ་དོ་དམ་བྱེད་སྟངས་ལྟར་ར་བའི་ནང་དུ་སྐྱེལ་འདྲེན་བགྲོད་ལམ་བཀོད་སྒྲིག་བྱེད་དགོས་པ་དང་།བགྲོད་ལམ་ཐལ་བ་དག་བགྲོད་ལམ་གཙོ་བོ་དང་སྦྲེལ་དགོས།ལམ་གྱི་ཞེང་ཚད་ལ་སྨི་4～6ཡིན་ཆོ།ཇ་སྡིང་ཁུལ་གྱི་དབྱེ་མཚམས་སུ་བཀར་ཆོག མཐའ་མར་ཇ་སྡིང་དུ་སྔོད་ཆོག་པའི་ཞིང་ཆིགས་ལས་སྒྲུབ་ལམ་བུ་བཟོས་ནས། བགྲོད་ལམ་དང་སྦྲེལ་དགོས། ལམ་གྱི་ཞེང་ཚད་ལ་སྨི1.5～2ཡིན་དགོས།ཇ་སྡིང་གི་རིང་ཚད་གཅིག་མཚུངས་ཡིན་ཆོ།ཇ་སྡིང་གི་ཆེ་ཆུང་དང་སྐས་ངོས་ཀྱི་ཞེང་ཚད་ལ་གཞིགས་ནས་ལས་སྒྲུབ་ལམ་བུ་བཀོད་སྒྲིག་བྱེད་དགོས།ཆ་རྐྱེན་འཛོམས་པའི་ཇ་སྡིང་གི་མཐའ་ལ་སྐོར་ལམ་བཀོད་སྒྲིག་བྱེད་ཆོག་ཅིང་། ཇ་སྡིང་ཕྱི་ནང་གི་ས་མཚམས་ཡིན་པའི་ངོས་ནས། ཞིང་ཁ་དང་ནགས་རིའི་ལོགས་སུ་དགར་དགོས་པ་མ་ཟད། ས་ཆུ་ཤོར་བ་དང་ཕྱི་རོལ་རྩི་ཤིང་གི་བཙན་འཛུལ་སོགས་ལ་སྔོན་འགོག་བྱེད་པའི་ནུས་པའང་ཐོན་ཐུབ།

图2-2　易贡茶场6号茶田主干道
པར་རིས2-2　དབྱི་ཀུང་ཇ་རའི་ཇ་ཞིང་གི་ལམ་གཙོ་བོ

2. 排水灌溉系统

由于西藏地理环境的多样性，以及茶园设置不合理、没有良好的排水系统，雨季时早期建设的茶园经常积水，影响茶树生长，长期的水涝还会导致茶树死亡（图2-3）。排水系统应基于茶园道路网的规划进行设置，包括主要的渠道、主沟、支沟、隔离沟和沉沙函（图2-4）。渠道沿茶园主干道、支道设置，起主要排水作用，防止雨季洪水冲刷道路或茶园。应在梯级茶园梯面内侧、横向道路内侧设置横水沟，深20～30厘米，宽40厘米。应在茶园与四周荒山陡坡、林地和农田交界处设置隔离沟，沟深50～80厘米，宽40～60厘米。合理的灌溉系统也是茶园必须具备的设施，其能在水分缺乏时及时为茶树供水，保证茶树正常生长。目前茶园以喷灌、滴灌的方式供水。喷灌或滴灌的主供水管沿茶园主干道、支道设置，可深埋于沟渠下或沟渠边，支供水管则沿茶行设置。田间作业时应避免破坏深入茶行的供水管。

2. ཆུ་འབུད་འདྲེན་མ་ལག

བོད་ལྗོངས་ཀྱི་ས་ཁམས་ཁོར་ཡུག་སྣ་མང་ཅན་གྱི་ཁྱད་ཆོས་ཡོད་པས།སྔ་དུས་ཀྱི་ཇ་སྐྱིང་བཀོད་སྒྲིག་ལུགས་དང་མི་མཐུན་པས་ཆུ་འབུད་མ་ལག་མེད། ཆར་དུས་ཇ་སྐྱིང་དུ་ཆུ་གསོག་མང་དྲགས་ནས་ཇ་སྡོང་སྐྱེ་འཚར་ལ་ཤུགས་རྐྱེན་ཐེབས། དུས་ཡུན་རིང་པོར་ཆུ་གསོག་ན་ཇ་སྡོང་སྐམ་འགྲོ་བའི་ཉེན་ཁ་ཡོད། （པར་རིས2-3）དེར་བརྟེན་ཆུ་འབུད་མ་ལག་ནི་ཇ་སྐྱིང་གི་བགྲོད་ལམ་དྲ་བ་དང་ཟུང་འབྲེལ་བྱས་ནས་བཀོད་སྒྲིག་བྱེད་ཅིང་།གཙོ་བོར་ཀ་ཡུར་དང་ཆུ་ཤུར་གཙོ་བོ། ཆུ་ཤུར་ཕལ་བ། བར་བཅད་ཆུ་ཤུར། བྱེ་ནུབ་ཆུ་ཤུར་བཅས་ཡོད་དགོས།（པར་རིས2-4）ཀ་ཡུར་ནི་ཇ་སྐྱིང་གི་བགྲོད་ལམ་གཙོ་བོ་དང་ཕལ་བའི་བརྒྱུད་ནས་བཀོད་སྒྲིག་བྱེད་དགོས་ཤིང་། ཆུ་འབུད་ཀྱི་ནུས་པ་ལེགས་པར་ཐོན་ནས་ཆར་དུས་བགྲོད་ལམ་དང་ཇ་སྐྱིང་ལ་གནོད་འཚེ་ཐེབས་པ་སྔོན་འགོག་བྱེད་དགོས། སྐས་རིམ་ཇ་སྐྱིང་ལ་ཆ་མཚོན་ན། སྐས་ངོས་ཀྱི་ནང་གཞོགས་དང་འཕྲེད་ཕྱོགས་བགྲོད་ལམ་གྱི་ནང་གཞོགས་སུ་འཕྲེད་ཀྱི་ཆུ་ཤུར་སྒྲིག་བཀོད་བྱེད་དགོས་ཤིང་། ཟབ་ཚད་ལི་སྨི20～30དང་ཞེང་ཚད་ལི་སྨི40ཡིན་དགོས། ཇ་སྐྱིང་དང་ཉེ་འཁོར་གྱི་རི་རྒོད་གཟར་གཡང་དང་ནགས་ས།ཞིང་ས་འབྲེལ་མཚམས་སུ་བར་བཅད་ཆུ་ཤུར་སྒྲིག་བཀོད་བྱེད་དགོས་ཤིང་། ཆུ་ཤུར་གྱི་ཟབ་ཚད་ལི་སྨི50～80དང་ཞེང་ཚད་ལི་སྨི40～60ཡིན་དགོས། ལུགས་མཐུན་གྱི་ཆུ་འདྲེན་མ་ལག་ནི་ཇ་སྐྱིང་ལ་ངེས་པར་དུ་ཚང་དགོས་པ་ཞིག་ཡིན་ལ། ཆུ་མི་འདང་

བའི་སྐབས་སུ་དུས་ལྟར་ཆུ་ཁ་གཙོན་བྱེད་ཐུབ་པ་དང་། ཇ་སྡོང་རྒྱུན་ལྡན་ངང་སྐྱེ་འཚར་བྱེད་ཐུབ་པར་ཁག་ཐེག་བྱེད་དགོས། མིག་སྔར་ཇ་གླིང་ལ་ཆུ་གཏོར་བ་དང་ཆུ་ཐིག་པའི་ཐབས་ལ་བརྟེན་ནས་ཆུ་མགོ་འདོན་བྱེད་བཞིན་ཡོད།ཆུ་གཏོར་བའམ་ཆུ་ཐིག་པའི་ཆུ་འདྲེན་མདོང་ལམ་གཙོ་བོ་ནི་ཇ་གླིང་གི་བགྲོད་ལམ་གཙོ་བོ་དང་ཟླ་བའི་བརྒྱུད་དུ་བཀོད་སྒྲིག་བྱེད་དགོས་ཤིང་། ཆུ་ཤུར་གྱི་འོག་དང་འགྲམ་དུའང་བཀོད་སྒྲིག་བྱེད་ཆོག ཞིང་ལས་གཉེར་བའི་སྐབས་སུ་ཆུ་འདོན་སྦྲུ་གུ་ལ་དོ་སྣང་བྱེད་དགོས་ལ། གཏོར་སྐྱོན་ཐེབས་པར་སྔོན་འགོག་བྱེད་དགོས།

图2-3　茶园积水为害状

པར་རིས2-3　ཇ་གླིང་དུ་ཆུ་གསོག་པའི་གནོད་འཚེའི་རྣམ་པ།

图2-4　排水系统规划

པར་རིས2-4　ཆུ་འབུད་མ་ལག་གི་འཆར་འགོད།

3. 功能区划分

根据茶园适宜性和美观性原则进行功能区划分，可分出生产区、绿化区、隔离区、防护区等。根据茶园规模还可设置配套工具房、休息用房、鲜叶摊放点等功能区域。西藏地理环境优美，且现阶段正着力打造有机生态茶园，因此还可进行茶园景观建设（图2–5）。

3. བྱེད་ནུས་དབྱེ་ཁུལ།

ཇ་སྡིང་གི་འོས་འཚམ་རང་བཞིན་དང་མཛེས་དཔྱོད་རང་བཞིན་གྱི་རྩ་དོན་ལྟར། བྱེད་ནུས་དབྱེ་ཁུལ་གྱི་དབྱེ་བ་བཀར་དགོས་ཤིང་། ཐོན་སྐྱེད་ཁུལ་དང་ལྗང་སྒྱུར་ཁུལ། བར་བཅད་ཁུལ། འགོག་སྲུང་ཁུལ་སོགས་བཀར་དགོས། ཇ་སྡིང་གི་གཞི་ཁྱོན་ལ་གཞིགས་ནས་ད་དུང་འཁྲུས་ཚང་གི་ཡོ་བྱད་ཁང་དང་ངལ་གསོ་ཁང་། ལོ་མ་སོས་འགྲེམས་ཁང་སོགས་ཀྱི་བྱེད་ནུས་ས་ཁོངས་བཀོད་སྒྲིག་བྱེད་ཆོག བོད་ལྗོངས་ཀྱི་ས་ཁམས་ཁོར་ཡུག་མཛེས་ཤིང་ལྟ་ན་སྡུག་པ་ཞིག་ཡིན་པས་སྐྱེ་ལྡན་སྡོད་བཅུད་ཇ་སྡིང་བསྐྲུན་པར་ཧུར་ཐག་བྱེད་བཞིན་ཡོད་ལ། དེར་བརྟེན་ཇ་སྡིང་དུ་ད་དུང་ཇ་སྡིང་མཛེས་ལྗོངས་ཁུལ་ཀྱང་འཛུགས་སྐྲུན་བྱེད་ཆོག（པར་རིས2-5）

图2–5　易贡茶场茶园景观建设

པར་རིས2-5 ཡིད་འོང་ཇ་རྭར་ཇ་སྡིང་མཛེས་ལྗོངས་ཁུལ་འཛུགས་སྐྲུན་བྱེད་པ།

二、茶园开垦与基肥
གཉིས།　ཇ་སྡིང་གསར་སྤོལ་དང་རྨང་ལུད།

茶园规划完成后，即可根据规划内容、设计图纸进行园地开垦。地势平坦、条件好的茶园可使用挖掘机进行地面清理和深耕翻土等工作，面积较小或地势条件较差的茶园可选用牲畜开垦或者人工开垦。茶园开垦要注意水土保持，更应注意排水系统的设置，并根据不同坡度和不同地理特征，选择适宜的开垦时机、方法和施工技术。

ཇ་སྡིང་འཆར་འགོད་ལེགས་གྲུབ་བྱུང་བའི་རྗེས།འཆར་འགོད་ཀྱི་ནང་དོན་དང་ཇུས་འགོད་ཀྱི་དཔེ་རིས་ལ་གཞིགས་ནས་ལྷུམ་ར་གསར་སྤོལ་བྱེད་ཆོག ས་བབ་ཁོད་སྙོམས་ཤིང་ཆ་རྐྱེན་ལེགས་པའི་ཇ་སྡིང་ལ་རྐོ་འདྲུའི་འཕྲུལ་འཁོར་སྤྱད་ནས་ས་ངོས་གཙང་སེལ་དང་ལུད་གསོག་སྲིག་འཛུགས། གཏིང་ཟབ་རྨོད་སློག་སོགས་བྱེད་ཆོག རྒྱ་ཁྱོན་དང་ས་བབ་ཆ་རྐྱེན་ཞན་པའི་ཇ་སྡིང་ལ་ཕྱུགས་རིགས་སམ་མི་ཐབས་ལ་བརྟེན་ནས་གསར་སྤོལ་བྱེད་དགོས། ཇ་སྡིང་གསར་སྤོལ་བྱེད་པར་ས་ཆུ་སྲུང་འཛིན་ལ་དོ་སྣང་བྱེད་དགོས་པ་མ་ཟད། ཆུ་འབུད་མ་ལག་འཛུགས་རྒྱུར་དེ་ལས་དོ་སྣང་བྱེད་དགོས། དེ་མིན་གཟར་ཚད་དང་ས་ཁམས་ཁྱད་ཆོས་མི་འདྲ་བར་གཞིགས་ནས། གསར་སྤོལ་བྱེད་པའི་དུས་དང་ཐབས་ཤེས། ཡར་ལས་ལག་རྩལ་བཅས་འོས་འཚམ་པོ་ཞིག་འདེམས་དགོས།

新茶园的开垦需先进行地面清理，处理区域内的杂草、树木、乱石等。须挖除杂草草根，避免其生长。新建茶园最好保留道路或沟渠边的原有树木和茶园内较粗的、具有观赏性的树木，建立良好的生态环境；在原有树木的区域进行新茶园建设时，应将之前的树根挖除干净。开垦时，可以将区域内较小的乱石填埋于低处，较大或不好填埋的石块则清出园地。开垦地势平坦和坡度较低的区域时，如局部有高墩或低坑等不平整的地方，可通过拉平、削墩或填坑等方式进行处理（图2–6）。

大，施足，与深耕结合，做到全层施肥，使土壤与肥料充分混合（图2–7）。优先选用改土性能良好的有机肥、熟化的农家肥、土杂肥，同时根据土壤肥力，配合施用磷肥、钾肥和微量元素肥料。一般每亩（亩为非法定计量单位，1亩≈666.67米^2）施腐熟农家肥底肥2 500～3 000千克或施茶叶专用有机肥200～400千克，外加复合肥50千克，施后及时覆土。也可以在沟底铺上杂草，再施用有机肥（图2–8）。不能在深耕施肥后马上种茶，应在约1个月后再进行茶苗种植，茶苗可种植在沟上或沟旁两侧。

གསར་དུ་སྤོལ་པའི་ས་རྐོད་ལས་རྒྱའི་གཤིན་ཚད་མི་འདང་བའི་སྐབས།རྩ་བར་ལུད་འཇོག་དགོས།ཇ་གླིང་གསར་སྤོལ་གྱི་ཁྱད་ཆོས་དང་བསྟུན་ཏེ།ཇ་གླིང་གི་ཞེང་ཚད་ལ་གཞིགས་ནས་ཀ་ཡུར་བཟོ་བ་དང་།གཏིང་ཚད་ལི་སྨི50～60བར་ཡིན་དགོས།རྨང་ལུད་འཇོག་ཚད་མང་ཞིང་འདང་དགོས་པ་དང་།གཏིང་སློག་དང་ཟུང་འབྲེལ་བྱས་ཏེ་རིམ་པ་ཚང་མར་ལུད་ཡོད་པ་ཁག་ཐེག་བྱེད་དགོས། དེ་མིན་ས་རྒྱ་དང་ལུད་གཉིས་འདྲེས་སྙོམས་བྱ་དགོས།（པར་རིས2-7）རྨང་ལུད་ལ་ས་རྒྱའི་གཤིས་ནུས་ལེགས་པའི་སྐྱེ་ལྡན་ལུད་དང་སྨིན་འགྱུར་ཁྱིམ་ལུད།ས་རྒྱའི་ལུད་བཅས་འདེམས་དགོས།དེ་དང་ཆབས་ཅིག་ས་རྒྱའི་ལུད་ནུས་ལ་གཞིགས་ནས་ལིན་ལུད་དང་ཙྪ་ལུད།ཚད་ཉུང་མ་རྒྱའི་ལུད་བཅས་བསྡུན་དགོས།སྤྱིར་བཏང་དུ་མུའུ་རེར་སྨིན་འགྱུར་ཁྱིམ་ལུད་སྤྱི་ཁི2 500～3 000པའམ་ཇ་ལོ་ཆེད་སྤྱོད་སྐྱེ་ལྡན་ལུད་སྤྱི་

图2–7　人工开挖种植沟与施基肥

པར་རིས2-7　མི་ཐབས་ལ་བརྟེན་ནས་ཪོང་བརྐོས་པ་དང་རྨང་ལུད་འཇོག་པ།

图2–8　种植沟底铺杂草和施用有机肥

པར་རིས2-8　འཛུགས་ཡུལ་དུ་རྩྭ་ལྷུག་འདིང་པ་དང་སྐྱེ་ལྡན་ལུད་འདོག་པ

ཁེ200～400དང་འདྲེས་འདུས་ལུད་སྐྱི་ཁེ50འཇོག་དགོས་པ་དང་། ལུད་བཞག་པའི་རྗེས་ས་བཀབ་ན་ཆོག ད་དུང་འཛུགས་ཡུལ་གྱི་ཞབས་སུ་རྩྭ་ལྷུམ་འདིང་ནས།ཡང་བསྐྱར་སྐྱེ་ལྡན་ལུད་བཞག་ན་འང་ཆོག（པར་རིས2-8）ལུད་རྫས་བསྟན་པའི་རྗེས་སུ་འཕྲལ་མར་ཇ་སྡོང་འཛུགས་མི་རུང་།ཟླ་བ1ཙམ་སོང་བའི་མཚམས་སུ་གཞི་ནས་ཇ་ལོ་སྡོང་ཕྲན་འདེབས་འཛུགས་བྱས་ན་འགྲིག ཇ་ལོ་སྡོང་ཕྲན་ཆུ་ཤུར་གྱི་གོང་དང་གཞོགས་གཉིས་སུ་འདེབས་འཛུགས་བྱས་ན་འགྲིག

三、生态低碳茶园建设规划
གསུམ། སྐྱེ་ཁམས་ཀྲན་ཉུང་ཇ་གླིང་འཛུགས་སྐྲུན་གྱི་འཆར་འགོད།

西藏地域辽阔，拥有良好的生态环境，为生态茶园的建设奠定了有利基础。绿色、生态、低碳的茶园建设能有效提高生物群落多样性，保持生物群落的和谐和生态系统的健康，提升生态系统的稳定性。同时，生态低碳茶园建设可充分发挥高原特色生态茶品牌优势，指导西藏开展生态低碳茶叶生产，激发茶产业生态优先、绿色发展的内生动力，促进茶叶生态价值转化为经济价值，是实现茶产业可持续发展的必然选择，对环境保护、生态系统平衡和资源可持续利用具有重要理论意义和实践价值，是实现经济效益、社会效益和环境效益统一的前提。

生态低碳茶园就是以茶树为核心，通过科学地构建和管理茶园及周边生态环境，创造环境优美、适宜茶树生长的茶园生态系统；因地制宜地配置生物种类，综合运用一系列固碳减排技术措施，增加茶园生态系统碳固定，减少茶园管理及茶叶加工过程中的碳排放，最终达到绿色、生态、低碳的要求（图2–9）。建设生态低碳茶园应做到以下几个方面：

（1）加强对西藏优势品种的培育力度。尽量减少外来品种的输入，从而减少外来病虫害对西藏茶园环境的为害。

（2）建立茶园病虫害绿色防控体系。在生态低碳茶园里，杜绝农药的使用，实现茶园有监控、用药有登记、病虫防治可查询的绿色防控一体化模式。茶园四周或茶园内不适合种茶的区域可植树，以丰富茶园生态系统。

（3）科学栽培和管理茶树。对于茶园生产过程中残留的秸秆、修剪枝和茶园杂草等有用资源，要尽量多级化再利用。

（4）发展生态低碳茶加工技术。茶叶低碳加工是生态低碳茶园建设的重要一环，要改进生产工艺，引进先进设备，在整个生产环节中降低能源消耗，减少污染物和碳排放。

བོད་ལྗོངས་ནི་ས་རྒྱ་ཆེ་ཞིང་སྐྱེ་ཁམས་ཁོར་ཡུག་བཟང་ལ།སྐྱེ་ཁམས་ཇ་གླིང་འཛུགས་སྐྲུན་བྱེད་པར་ཕན་ལྡན་གྱི་རྨང་གཞི་བཏིང་ཡོད།ལྷང་མདོག་དང་སྣོད་བཅུད།ཐྣན་ཉུང་བཅས་ཀྱི་ཇ་གླིང་བསྐྲུན་ཚེ་སྐྱེ་དངོས་ཀྱི་ཁྱུ་ཚོགས་སྣ་མང་ཅན་མང་དུ་འགྲོ་བ་དང་།སྐྱེ་དངོས་ཀྱི་ཁྱུ་ཚོགས་ཞི་མཐུན་དང་སྣོད་བཅུད་མ་ལག་སྐྱོན་བྲལ་ཡོང་རྒྱུ་རྒྱུན་འཁྱོངས་བྱས་ནས།བརྟན་པོ་དང་རྒྱུན་སྲིང་གི་མ་ལག་ནུས་པ་མངོན་འགྱུར་བྱུང་ཐུབ།དེ་དང་ཆབས་ཅིག་ས་མཐོའི་ཁྱད་ལྡན་སྣོད་བཅུད་ཇའི་ཕྱུས་རྟགས་ལེགས་ཆ་འདོན་སྤེལ་བྱ་ཆེད་དང་།བོད་ལྗོངས་ཀྱི་སྣོད་བཅུད་ཐྣན་ཉུང་ཇ་ལོ་ཐོན་སྐྱེད་མཛུབ་ཁྲིད་བྱས་ཏེ།ཇ་ལོ་ཐོན་ལས་སྣོད་བཅུད་སྟོན་ལ་འཇོག་པ་དང་ལྷང་མདོག་འཕེལ་རྒྱས་ཀྱི་ནང་ནུས་སྐྲུལ་ཤུགས་སློང་ཞིང་།ཇ་ལོའི་སྣོད་བཅུད་རིན་ཐང་དེ་དཔལ་འབྱོར་རིན་ཐང་དུ་བསྒྱུར་རྒྱུར་སྐུལ་འདེད་གཏོང་སོགས་པའི་དགོས་མཁོར་གཞིགས་ཆེ།སྣོད་བཅུད་ཐྣན་ཉུང་ཇ་གླིང་བསྐྲུན་རྒྱུ་ནི་ཇ་ལོ་ཐོན་ལས་རྒྱུན་མཐུད་འཕེལ་རྒྱས་མངོན་འགྱུར་ཡོང་རྒྱུའི་ལྡོག་མེད་ཀྱི་གདམ་ག་ཞིག་ཡིན་པ་དང་།ཁོར་ཡུག་སྲུང་སྐྱོང་ལ་སྣང་ཆེན་དང་སྣོད་བཅུད་མ་ལག་དོ་སྙོམས།　ཐོན་ཁུངས་རྒྱུན་མཐུད་བེད་སྤྱོད་བཅས་བྱ་རྒྱུར་རིགས་གཞུང་གི་དོན་སྙིང་དང་ལག་ལེན་གྱི་རིན་ཐང་གལ་ཆེན་ལྡན་ཡོད་པས།དཔལ་འབྱོར་དང་སྤྱི་ཚོགས།ཁོར་ཡུག་ཕན་འབྲས་མཐུན་སྒྲིལ་འཕེལ་རྒྱས་ཡོང་བའི་སྟོན་འགྲོའི་ཆ་རྐྱེན་ཞིག་ཀྱང་ཡིན།སྣོད་བཅུད་ཐྣན་ཉུང་ཇ་གླིང་ཞེས་པ་ནི་ཇ་སྡོང་ལྟེ་བར་བྱས་ཤིང་།ཚན་རིག་དང་མཐུན་པའི་སྒོ་ནས་ཇ་གླིང་དང་ཉེ་འཁོར་གྱི་སྣོད་བཅུད་ཁོར་ཡུག་དོ་དམ་བྱས་ནས།ཇ་སྡོང་སྐྱེ་འཚར་དང་ཁོར་ཡུག་མཛེས་པའི་ཇ་གླིང་གི་སྣོད་བཅུད་མ་ལག་གཏོད་རྒྱུ་དེ་ཡིན།ཡུལ་བབ་དང་བསྟུན་ནས་སྐྱེ་དངོས་ཀྱི་རིགས་སྣ་བཀོད་སྒྲིག་བྱས་ལ།ཐྣན་ཉུང་གཏོང་གི་ལག་རྩལ་བྱེད་ཐབས་རབ་དང་རིམ་པ་ཕྱོགས་བསྡུས་ཐོག་སྤྱད་ནས།ཇ་གླིང་སྣོད་བཅུད་མ་ལག་གི་ཐྣན་འདུས་ཚད་ཇེ་བརྟན་དུ་བཏང་བ་དང་ཇ་གླིང་གི་དོ་དམ་ཇེ་དམའ་རུ་བཏང་བ།ཇ་ལོ་ལས་སྣོན་བྱེད་པའི་དུས་ཐྣན་ཕྱིར་འབུད་ཚད་ཇེ་དམའ་རུ་བཏང་བ་བཅས་ཀྱི་གོ་རིམ་བརྒྱུད།མཐར་ལྷང་མདོག་དང་སྣོད་བཅུད།ཐྣན་ཉུང་བཅས་ཀྱི་ལྷག་བྱའི་ཚད་དུ་སླེབས་པ་དེ་ཡིན།（པར་རིས2-9）སྐྱེ་ཁམས་ཐྣན་ཉུང་ཇ་གླིང་འཛུགས་སྐྲུན་བྱེད་པར་གཤམ་གྱི་ཕྱོགས་འགའ་བསྒྲུབ་དགོས་ཏེ།

（1）བོད་ལྗོངས་སུ་ཕྱུས་ལེགས་ཇ་སྡོང་རིགས་འདེབས་གསོ་བྱེད་རྒྱུར་ཤུགས་སྟོན་རྒྱག་དགོས།ཕྱི་ནས་ནང་འདྲེན་བྱེད་རྒྱུ་གང་ནུས་ངང་ཉུང་དུ་གཏོང་སྟེ།ཕྱི་ནས་ཡོང་བའི་ནད་འབུའི་གནོད་འཚེ་··དེས་བོད་ལྗོངས་ཇ་གླིང་ཁོར་ཡུག་ལ་བཟོས་པའི་གནོད་འཚེ་གང་ནུས་ངང་ཇེ་ཆུང་དུ་གཏོང་བ།

图3–3　茶苗种植与回剪

པར་རིས3-3　ཇ་སྔོང་འདེབས་འཛུགས་དང་བསྐྱར་གཏུབ

图3–4　茶苗浇水定根与铺草

པར་རིས3-4　ཇ་ལོའི་སྔོང་ཕྲན་ལ་ཆུ་བླུག་ནས་རྩ་བ་བརྟན་པོར་གཏོང་བ་དང་རྩྭ་འདིང་བ།

图3–5　茶苗未施底肥根系生长状况

པར་རིས3-5　ཇ་ལོའི་སྔོང་ཕྲན་གྱི་གཏིང་ལ་ལུད་རྫས་མ་བཞག་པའི་རྩ་ལག་སྐྱེ་འཚར་གྱི་གནས་ཚུལ།

三、种植技术
གསུམ། འདེབས་འཛུགས་ལག་རྩལ།

1. 嫁接换种

西藏老茶园种植的茶叶品种因衰老程度、适制性等因素影响，其经济效益比新优良品种低。综合考虑西藏茶园的地形和地势，老茶园需要换种和改植一批适应性广、抗病力和抗逆性强、商品性能高、市场潜力大、符合当前名优茶生产要求的新品种茶树。目前最适宜的老茶园改造方法为嫁接换种，嫁接应考虑砧木与接穗组织结构的亲和力，即砧木在生理和遗传上和接穗组织结构相同或相近，能够与接穗组织结构结合在一起的能力。选用生命力强、高产的无性系或抗逆性强的群体茶树作为砧木，有利于获得抗逆性强且品质优的组合茶树。

嫁接方法主要有劈接、切接和皮接。劈接时从砧木离地面15～20厘米处锯断，每株留1～3个嫁接小桩，在砧桩横断面中间劈开1个3厘米深的接口，将接穗剪成长约2厘米、双面平滑、叶片长约1厘米的状态，接穗形成层对准砧木劈口形成层，靠边插入劈口，着叶的一侧朝外，1个劈口可插入2个接穗（图3–6）。然后将接穗套上塑料袋，用绳子扎于砧木桩上。接穗选用当年木质化或半木质化枝条，芽体饱满，每个芽眼上的叶保留1/4，接穗枝每节长1.5～2.5厘米，嫁接后应注意遮阴保湿。有条件的茶园可搭建高50～70厘米的遮阳架，架顶铺盖茶树枝叶或遮阳网，保持架下湿度为80%～90%，遮阴率为80%。嫁接2周后，检查接穗的成活情况，对未成活的接穗及时进行补接；待接穗长出一芽二叶后，松绑解袋，撤掉遮阳网，及时除去砧木萌蘖并进行病虫害防治。建议西藏茶园在天气凉爽、没有极端低温的时间段进行大面积茶树嫁接，有利于提高茶树嫁接成活率。在每年10月上旬留穗，可减少茶叶产量损失。此外，还可以采用幼砧嫁接新技术。夏季幼砧嫁接苗可在翌年9—10月出圃，比普通的茶树育苗提早3～5个月，缩短了育苗时间且提高了苗圃的利用率；嫁接技术简单、易掌握，可在室内操作，速度快，成活率高。

1. མཐུད་སྦྱོར་རིགས་བཟེ།

བོད་ལྗོངས་ཇ་ཤིང་རྙིང་པའི་ཇ་སྡོང་གི་རིགས་སྣ་དག་ཐས་པ་དང་སྐྱེ་མཚམས་བཞག་པའི་གནས་ཚུལ་དག ཕྱུས་ལེགས་ཀྱི་སྡོང་རྐང་རིགས་སྣ་གསར་བ་དང་བསྟུར་ན། དཔལ་འབྱོར་ཕན་འབྲས་ཅུང་དམའ། བོད་ལྗོངས་ཇ་ཤིང་གི་ས་དབྱིབས་ལ་ཕྱོགས་བསྟུས་བསམ་གཞིག་བྱས་ཆེ་ཇ་ཤིང་གི་ཇ་སྡོང་སྤོ་འཛུགས་བྱེད་པ་དང་། ཡང་ན་འཚམ་མཐུན་རང་བཞིན་རྒྱ་ཆེ་བ་དང་། ནད་འབུ་འགོག་པ་དང་ལྷོག་འགོག་རང་བཞིན་ཆེ་བ། ཚོང་ཐོག་གི་ནུས་པ་ཆེ་བ། ཁྲིམ་རའི་མི་མངོན་པའི་ནུས་པ་ཆེ་བ་བཅས་ཀྱི་ཇ་སྡོང་རིགས་ཤིག་བཟེ་ཆོ། མིག་སྔར་གྱི་ཇ་སྡོང་ཕྱུས་ལེགས་གསར་པ་འདེབས་འཛུགས་ཀྱི་དགོས་མཁོ་དང་འཚམ། མིག་སྔར་ཆེས་འཚམ་པའི་ཇ་ཤིང་རྙིང་བ་ལེགས་བཅོས་བྱེད་ཐབས་ནི་མཐུད་སྦྱོར་རིགས་བཟེ་ཡིན། མཐུད་སྦྱོར་བྱེད་པ་ནི་གདན་ཤིང་གི་མཉམ་འདྲིས་ནུས་ཤུགས་ལ་བསམ་བློ་གཏོང་དགོས། གདན་ཤིང་དང་ཚབ་ཤིང་གི་གྲུབ་ཚུལ་དང་རིགས་སྣའི་ངོས་ནས་གཅིག་མཚུངས་སམ་འདྲ་མཚུངས་ཡིན་དགོས་ལ། མཉམ་དུ་འདྲིས་ཐུབ་པའི་ནུས་པ་ཡོད་དགོས། འཚོ་བའི་ནུས་པ་ཆེ་ཞིང་ཐོན་འབབ་མཐོ་ལ་རང་བཞིན་མེད་པའི་རིགས་སམ་ལྷོག་འགོག་རང་བཞིན་ཆེ་བའི་ཇ་སྡོང་རིགས་གདན་ཤིང་ལ་བདམས་ནས་འདེབས་འཛུགས་བྱས་ཆོ། ལྷོག་འགོག་རང་བཞིན་ཆེ་ལ་ཕྱུས་ཀ་ལེགས་པའི་ཇ་སྡོང་འཛུགས་རྒྱུར་ཕན།

མཐུད་སྦྱོར་བྱ་ཐབས་གཙོ་བོ་མཐུད་གཏུབ་དང་ཕྲད་མཐུད། པགས་མཐུད་བཅས་ཡིན། མཐུད་གཏུབ་དེ་གདན་ཤིང་ས་ངོས་དང་བར་ཐག་ལི་སྨི15～20བར་ནས་བཅད་དེ་སྡོང་རྐང་རེར་མཐུད་སྦྱོར་ཀ་ཆུང1～3འཛོག་པ། གདན་ཤིང་གི་འཕྲེད་བཅད་ངོས་ཀྱི་དཀྱིལ་ནས་གཏིང་ཚད་ལི་སྨི3ག་ཤགས་ཤིང་། ཚབ་ཤིང་གི་རིང་ཚད་ཕལ་ཆེར་ལི་སྨི2དང་ངོས་གཉིས་འཇམ་པོར་གཞོག་པ། ལོ་མའི་རིང་ཚད་ལི་སྨི1ཙམ་ཡིན་དགོས། ཚབ་ཤིང་གི་ཆགས་ཚུལ་བང་རིམ་དེ་གདན་ཤིང་གི་ཆགས་ཚུལ་བང་རིམ་དང་མཐུན་པར་མཐུད་སྦྲེལ་བྱས་ཤིང་། འགྲམ་ནས་ཚབ་ཤིང་འཛེར་བ་དང་། ལོ་མ་སྐྱེ་བའི་ངོས་ཕྱི་རུ་འཕོར་བ་དང་། གདན་ཤིང་གཅིག་ལ་ཚབ་ཤིང་གཉིས་འཛེར་ཆོག དེ་ནས་འཁྱིག་ཐག་གིས་ཚབ་ཤིང་དང་གདན་ཤིང་གཏུམ་ནས་ཐག་པས་བསྡམ་དགོས། （པར་རིས3-6）ཚབ་ཤིང་ལ་ལོ་དེའི་ཤིང་རྒྱུ

ཅན་དང་ཤིང་རྒྱ་ཁྱེད་ཙམ་ཅན་གྱི་ཡལ་ག་གདམ་དགོས་ཤིང་། ཡལ་ག་རེ་རེའི་སྟེང་དུ་ལོ་མ1/4འཇོག་དགོས་ལ། ཚབ་ཤིང་གི་ཤིང་ཚིགས་ལི་སྨི1.5～2.5ཡིན་དགོས་ལ། མཐུད་སྦྱོར་བྱས་པའི་རྗེས་བསིལ་འགོག་བརྟན་སྲུང་ལ་དོ་སྣང་བྱེད་དགོས། ཆ་རྐྱེན་ཡོད་པའི་ཇ་གླིང་གིས་མཐོ་ཚད་ལི་སྨི50～70ཅན་གྱི་བསིལ་འགོག་ལྡིང་ཀ་བསྐྲུན་ཆོག་ལ། ལྡིང་བུའི་སྟེང་དུ་ཇ་སྡོང་གི་ཡལ་འདབ་དང་བསིལ་འགོག་དྲ་བ་འདིང་དགོས། དེའི་བྱེད་ནུས་གཙོ་བོ་ནི་ལྡིང་བུའི་འོག་གི་བརླན་ཚད80%～90%དང་། བསིལ་འགོག་ཚད80%ཁབག་ཐིག་བྱེད་ཐུབ། མཐུད་སྦྱོར་བྱས་ནས་གཟའ་འཁོར2འགོར་རྗེས། ཚབ་ཤིང་གསོན་པའི་གནས་ཚུལ་ལ་ཞིབ་བཤེར་བྱས་ཏེ། གསོན་མ་ཐུབ་པའི་ཚབ་ཤིང་ལ་དུས་ཐོག་ཏུ་གསབ་མཐུད་བྱེད་དགོས། ཚབ་ཤིང་ནས་ལོ་མའི་སྨྱུ་གུ་གཅིག་གཉིས་ཙམ་འབུས་པའི་རྗེས། ཐག་པ་ལྷོད་ནས་བསིལ་འགོག་དྲ་བ་ལེན་དགོས་ལ། དེ་མིན་གདན་ཤིང་གི་འཕྱར་རྔས་སེལ་བ་དང་ནད་འབུའི་གནོད་པ་འགོག་བཅོས་བྱེད་དགོས། བོད་ལྗོངས་ཇ་གླིང་ནས་གནམ་གཤིས་བསིལ་ལ་དྲོད་ཚད་འོས་འཚམ་ཡིན་པའི་དུས། གཞི་ཁྱོན་ཆེ་བའི་ཇ་སྡོང་མཐུད་སྦྱོར་བྱས་ན་ཅུང་བཟང་། འདི་ལྟར་བྱས་ན་ཇ་སྡོང་མཐུད་སྦྱོར་བྱ་རྒྱུར་ཕན་པ་ཡོད། ཟླ་བཅུ་བའི་སྟོད་དུ་ཚབ་ཤིང་བཞག་ན་ཇ་ལོ་ཐོན་ཚད་ཀྱི་གྱོང་གུད་ཇེ་ཉུང་དུ་གཏོང་ཐུབ། དེ་མིན་ད་དུང་གདན་ཤིང་ཕྲ་མོའི་མཐུད་སྦྱོར་ལག་རྩལ་གསར་པ་སྤྱད་ནའང་ཆོག དབྱར་དུས་མཐུད་སྦྱོར་བྱས་ཚེ། ཕྱི་ལོའི་ཟླ9—10ནང་ལྷམ་ར་ནས་ཕྱིར་ཐོན་ཐུབ། ཕྱིར་བཏང་གི་ཇ་ལོའི་སྡོང་ཕྲན་ལས་ཟླ3～5ལས་སྔ། སྡོང་ཕྲན་གསོ་བའི་དུས་ཚོད་ཇེ་ཐུང་དུ་བཏང་བ་དང་། ལྷམ་ར་ནས་ཕྱིར་འབུད་ཚད་ཇེ་མཐོར་བཏང་ཐུབ། མཐུད་སྦྱོར་གྱི་ལག་རྩལ་ལས་སླ་ཞིང་ཁོང་དུ་ཆུད་སླ་བས། ཁང་བའི་ནང་ནས་སྒྲིག་བཀོད་བྱེད་ཆོག་ལ། འགྲོས་ཚད་མགྱོགས་ཤིང་། གསོན་ཚད་མཐོ།

图3-6　茶树嫁接

པར་རིས3-6 ཇ་སྡོང་མཐུད་སྦྱོར།

2. 扦插育苗

茶树扦插是繁殖无性系茶苗的主要手段，具有选优育良、快速繁殖、稳定品质等优点。扦插育苗通常选择生长旺盛、无病虫害、品质优良茶树品种的分枝或多芽腋下的新梢作为繁殖材料。插穗应选择半木质化、健壮、无病虫害、具饱满腋芽和1片健壮叶片、长3～4厘米的枝梢；剪口必须平滑、斜向且无爆裂，剪口射向与叶向相同，腋芽和叶片完整无损，叶片上端留桩长度适宜，通常控制在0.3～0.4厘米。室外扦插苗床应选择排水良好、疏松肥沃、富含有机质的微酸性土壤。需深翻松土，压碎土块，使土壤疏松，并根据扦插地的地形，做成宽度适当的苗床。苗床表面要平整，土壤要压实。易贡茶场采用温室苗圃扦插，苗床选用外来新土，压碎土块后，挑选出土壤中的石头、树根等，碎土充分混匀，铺成高10～15厘米、宽约1.2米的苗床（图3-7）。肥力不足的新土需施足基肥，再将表面整平。扦插前，先将苗床充分喷湿，待表土不黏手时再按茶树叶片长度画线。扦插时一般行距保持在10～12厘米，株距均为3～4厘米，以叶片不重叠为宜。用拇指、食指和中指捏住插穗叶片下部，将插穗直插或稍斜45°插入土中，深度以露出叶柄为宜，边插边将土壤稍加压实，使插穗与土壤紧贴（图3-8）。室外扦插结束后应立即浇水、遮阳，以利发根。扦插时，应尽量做到当日剪穗、当日插完，以保持插穗新鲜。扦插后应保持苗床土壤湿润，避免干旱，但不能过湿，以免插穗枯死和腐烂。根据茶苗发育情况，适时施用有机肥和化肥，以促进扦插枝条的生长。此外，可通过外源激素（如生长素）促进插穗发根，提高扦插成活率。在扦插枝条长出新芽、新叶后，适时进行修剪，以利于通风透光和保持良好的生长势。同时注意观察扦插地的病虫害情况，若发现病虫害要及时处理。

2. ལྕུག་འཛུགས་སྡོང་གསོ།

ཇ་སྡོང་ལྕུག་འཛུགས་ནི་རྩད་པ་མེད་པའི་ཇ་སྡོང་གསོ་འཕེལ་གྱི་བྱ་ཐབས་གཙོ་བོ་ཞིག་ཡིན་ཞིང་།ཐུས་ཚད་ལེགས་པ་དང་འཕེལ་ཚད་མྱུར་བ་སོགས་ཀྱི་ལེགས་ཆ་ལྡན་ཡོད། ལྕུག་འཛུགས་སྡོང་གསོ་ནི་ཕྱིར་བཏང་དུ་སྐྱེ་འཚར་ལེགས་པ་དང་ནད་འབུའི་གནོད་པ་མེད་པ། ཐུས་ཀ་ལེགས་པའི་ཇ་སྡོང་གི་ཡལ་ག་གསར་པ་བདམས་ནས་རྒྱུད་སྤེལ་རྒྱ་ཆར་བྱེད་པ་དང་། ལྕུག་འཛུགས་ཀྱི་ཐབས་ལ་བརྟེན་ནས་རྒྱུད་སྤེལ་བྱེད་པ་ཡིན། ཚབ་ཤིང་ནི་ཤིང་རྒྱ་ཕྲེད་ཙམ་ཅན་དང་ཐུས་ལེགས། ནད་འབུའི་གནོད་པ་མེད་པ། ལོ་མ་ཆེན་པོ་སོགས་ཀྱི་ཡལ་ག་འདེམས་དགོས་ལ། རིང་ཚད་ལ་ལི་སྨི3～4ཡིན་དགོས། གཏུབ་པའི་ངོས་ངེས་པར་དུ་འཇམ་སློམས་དང་གསེག་ཕྱོགས་ལ་གས་ཁ་མེད་པ་ཡིན་དགོས། 　གཏུབ་ངོས་དེ་ལོ་མ་སྐྱེས་པའི་ཕྱོགས་དང་གཅིག་པ་ཡིན་དགོས། མཆན་མྱུག་དང་ལོ་མར་གནོད་སྐྱོན་མེད་པར་ལོ་འདབ་མགོར་རིང་ཚད་ཀྱི་ཀ་ཆུང་འོས་འཚམ་འཇོག་དགོས། 　ལི་སྨི0.3～0.4བར་ཆོད་འཛིན་བྱེད་དགོས། ཁང་པའི་ཕྱི་ནས་ལྕུག་འཛུགས་བྱེད་པར་ཆུ་འབུད་ལེགས་པ་དང་ས་རྒྱུ་གཤིན་པོ་ཡིན་པ། 　སྐྱེ་ལྡན་རྫས་བཅུད་ཕུན་སུམ་ཚོགས་པའི་སྐྱུར་གཤིས་ས་རྒྱུ་འདེམས་དགོས། 　ས་རྒྱུ་གཏིང་སློག་དང་ས་རྡོག་བཅག་ནས། ས་རྒྱུ་སོབ་སོབ་བྱས་ཏེ་ལྕུག་འཛུགས་བྱེད་སའི་ས་དབྱིབས་ལ་གཞིགས་ནས་ཞེང་ཚད་འོས་འཚམ་གྱི་བཙུགས་ས་བཟོ་དགོས། 　བཙུགས་སའི་ངོས་སློམས་དགོས་ལ་ས་ཁོད་ཀྱང་སློམས་དགོས། ཡིད་འོང་ཇ་ར་ནི་དྲོད་ཁང་ནང་དུ་ལྕུག་འཛུགས་བྱེད་པ་དང་། བཙུགས་ས་གསར་པ་འདེམས་དགོས། ས་བཅག་པའི་རྗེས་ས་རྒྱུའི་ནང་གི་རྗེ་དང་། 　ལྡོན་ཤིང་གི་རྩ་བ་སོགས་སེལ་དགོས། བཙུགས་ས་འོས་འཚམ་ཡིན་དགོས་ལ། མཐོ་ཚད་ལི་སྨི10～15དང་ཞེང་ཚད་སྨི1.2ཡིན་དགོས། （པར་རིས3-7）ལུད་ནུས་མི་ལྡིང་བའི་ས་གསར་པ་ལུད་རྫས་ལ་བརྟེན་དགོས་ཤིང་། རྨང་ལུད་བསྣན་པའི་རྗེས་ཕྱི་ངོས་སློམས་པོ་བཟོ་དགོས། ལྕུག་འཛུགས་མ་བྱེད་པའི་སྔོན་ལ། 　བཙུགས་ས་རློན་པར་གཏོང་དགོས་ལ། ས་ངོས་སུ་ལག་པ་མི་འབྱར་བའི་སྐབས་སུ། 　ཇ་སྡོང་ལོ་འདབ་ཀྱི་རིང་ཐུང་ལྟར་ཐིག་འཁྲི་དགོས། ལྕུག་འཛུགས་བྱེད་པའི་སྐབས་ཕྱིར་བཏང་དུ་བར་ཐག་ལི་སྨི10～12དང་། 　སྡོང་བོའི་བར་ཐག་ལི་སྨི3～4ཡིན་ལ། ལོ་འདབ་མ་བསྙེགས་ན་ཤིན་ཏུ་བཟང་། མཐེབ་མཛུབ་དང་གོང་མཛུབ། དཀྱིལ་མཛུབ་བཅས་ཀྱིས་ལོ་མ་བཟུང་ནས་བཙུགས་སར་ཐད་ཀར་འཛུགས་པའམ45°ཙམ་གསེག་ནས་ས་ནང་དུ་འཛུགས་དགོས། གཏིང་ཚད་ནི་ལོ་མའི་ཡུ་བ་མཐོང་ན་ལེགས། འཛུགས་ཚར་དུ་ས་དེ་མནན་ནས་འཇག་འཇག་སྦྲ་གཏོང་བྱེད་དགོས། དེ་ལྟར་བྱས་ན་ལོ་མ་དེ་ས་རྒྱུའི་ནང་དུ་དམ་པོར་འགྱུར་སྲིད། （པར་རིས3-8） ཁང་བའི་ཕྱི་ནས་ལྕུག་འཛུགས་མཇུག་རྫོགས་པའི་རྗེས་མྱུར་དུ་ཆུ་གཏོར་ནས་བསིལ་འགོག་དགོས། 　འདི་ལྟར་བྱས་ན་རྩད་པར་ཕན་པ་ཡོད། ལྕུག་འཛུགས་བྱེད་སྐབས། 　གང་ནུས་ཀྱིས་ཉིན་དེར་ལོ་མ་གཏུབ་དགོས་པ་དང་། ཉིན་དེར་འཛུགས་ཚར་ཆོ། 　ལྕུག་འཛུགས་སྐྱིད་འཕེལ་ལའང་ཤིན་ཏུ་ཕན། ལྕུག་འཛུགས་བྱས་པའི་རྗེས་བཙུགས་ས་བརླན་གཤེར་ཡིན་དགོས་ལ། ཐན་སྐམ་མི་ཡོང་བ་བྱེད་དགོས་ལ། འོན་ཀྱང་ཤིན་ཏུ་རློན་པ་ཡིན་མི་རུང་། ཚབ་ཤིང་ལ་སྐམ་པ་དང་རུལ་བའི་ཉེན་ཁ་ཡོད། ཇ་ལོ་སྡོང་ཕྲན་གྱི་སྐྱེ་འཚར་གནས་ཚུལ་

ལ་གཞིགས་ནས་སྐབས་བསྟུན་དང་སྐྱེ་ལྡན་ལུད་དང་རྫས་ལུད་བསྣན་ཆོ། ལྕུག་འཛུགས་ཚབ་ཤིང་གི་སྐྱེ་འཚར་ལ་སྐྱལ་འདེད་གཏོང་ཐུབ། གཞན་ཕྱི་ཁུངས་སྐྱལ་རྫི་སྤྱད་ཆོ་ལྕུག་འཛུགས་ཚབ་ཤིང་གི་རྩད་རྩ་སྐྱེས་པ་དང་གསོན་ཚད་ཇེ་མཐོ་རུ་གཏོང་ཐུབ། ལྕུག་འཛུགས་ཚབ་ཤིང་ལ་མྱུ་གུ་གསར་བ་སྐྱེས་པ་དང་ལོ་མ་གསར་བ་སྐྱེས་པའི་རྗེས། དུས་ཐོག་ཏུ་འབྲིག་གསོ་བྱེད་དགོས་ལ། རླུང་རྒྱུག་པ་དང་ཉི་འོད་ཐོག་པར་ཕན་ལ། དེ་མིན་སྐྱེ་འཚར་གྱི་རྣམ་པ་ལེགས་པོ་སྲུང་འཛིན་བྱེད་པར་ཕན་པ་ཡོད། དེ་དང་མཉམ་དུ། ལྕུག་འཛུགས་བྱེད་སའི་ནད་འབུའི་གནོད་འཚེ་ལ་ལྟ་ཞིབ་བྱས་ནས། ནད་འབུའི་གནོད་འཚེ་བྱུང་ཚེ་དུས་ལྟར་ཐག་གཅོད་དགོས།

图3–7　易贡茶场苗床碎土过程

པར་རིས3-7 ཡིད་འོང་ཇ་རྭའི་སྔོང་ཁྲན་བཙུགས་ས་གསོ་བའི་བརྒྱུད་རིམ།

图3–8　易贡茶场扦插育苗

པར་རིས3-8 ཡིད་འོང་ཇ་རྭའི་ལྕུག་འཛུགས་སྔོང་གསོ།

第四章　茶树修剪与采摘

ལེའུ་བཞི་པ།　ཇ་སྡོང་གཙོད་བཏུབ་དང་འཐུ་འཐོག

一、修　剪
གཅིག　གཙོད་གཏུབ་

1. 定型修剪

定型修剪主要是指对新种茶树和老茶树改造后的树冠进行重塑。为了促进新种茶树或者改造后茶树腋芽萌发，增加骨干枝数量，在短期内形成具一定高幅的采摘面，一般需在茶树幼龄期进行3次定型修剪。第一次定型修剪在扦插苗移栽后，对移栽苗高达25厘米以上或者茎粗达0.4厘米者，在主枝离地面12～20厘米处剪去主枝及其新梢，侧枝不剪；对茶苗高度不足25厘米者，可以在下一次进行修剪。修剪时宜逐株修剪，只剪主枝，不剪侧枝，剪口要平滑，剪后留柄宜短（图4–1）。第二次定型修剪位置在第一次定型修剪的剪口上8～12厘米处，剪去上部枝梢，要注意剪去内侧芽，保留外侧芽，以促使茶树向外分枝伸展，同时剪去根茎处的下垂枝及弱小分枝，剪后茶树高度为30～40厘米。第三次定型修剪以轻修剪、平行修剪的方式处理茶树蓬面即可：用绿篱剪在第二次定型修剪的剪口上10～15厘米处，水平剪除上部枝梢并用整枝剪将根茎和树蓬内的下垂枝、弱枝剪去，促进主干枝正常生长。经3次定型修剪后的茶树，可形成树高40～55厘米，具有一定数量的、粗壮的主干枝层。定型修剪时间应在每轮茶萌发前。枝条长度达标后，应及时修剪，避免徒长；夏季修剪应避免暑热天气，修剪前后要做好水肥管理和病虫害防治。

1. བཟོ་དབྱིབས་གཏན་ཁེལ་གྱི་གཙོད་གཏུབ།

བཟོ་དབྱིབས་གཏན་ཁེལ་གྱི་གཙོད་གཏུབ་ནི་གཙོ་བོར་ཇ་སྡོང་གསར་པ་དང་ཇ་སྡོང་རྙིང་པ་སྒྱུར་བཀོད་བྱས་པའི་རྗེས་ཀྱི་ཡལ་ག་བསྐྱར་སྒྲུན་ལ་དམིགས་པ་ཡིན། ཇ་སྡོང་གསར་བའམ་སྒྱུར་བཀོད་ཀྱི་སྡོང་ཕྲན་དག་གི་མྱུ་གུ་འབུས་པ་དང་། སྒོག་ཤིང་གི་ཡལ་ག་མང་དུ་གཏོང་བ། དུས་ཡུན་ཐུང་

ཏའི་ནང་དུ་འཐུ་འཐོག་གི་ཚད་ཇེ་མཐོར་གཏོང་པའི་ཆེད་དུ་ཡིན། སྤྱིར་བཏང་དུ་ཇ་ལོ་སྡོང་ཕྲན་རྒྱས་པའི་དུས་སུ་ཐེངས་གསུམ་ལ་བཟོ་དབྱིབས་གཏན་ཁེལ་གྱི་གཙོད་གཏུབ་བྱ་དགོས། བཟོ་དབྱིབས་གཏན་ཁེལ་གྱི་གཙོད་གཏུབ་ཐེངས་དང་པོ་ནི་ཡལ་ག་སྐྱོ་འཛུགས་བྱས་པའི་རྗེས་སུ་ཡིན། སྐྱོ་འཛུགས་ཀྱི་མཐོ་ཚད་ལི་སྨི25ཡན་ཡིན་པའམ་སྦོམ་ཚད་ལི་སྨི0.4སླེབས་པའི་དུས། ཡལ་ག་གཙོ་བོ་ནི་ས་ངོས་དང་བར་ཐག་ལི་སྨི12～20མཚམས་སུ་ཡལ་ག་གཙོ་བོ་དང་ཡལ་ག་གསར་པ་གཙོད་དགོས་པ་དང་། ཟུར་གྱི་ཡལ་ག་མི་གཙོད། ཇ་ལོ་སྡོང་ཕྲན་གི་མཐོ་ཚད་ལི་སྨི25མི་ལོངས་པའི་དུས། ཐེངས་རྗེས་མར་ཡང་བསྐྱར་གཙོད་བཏུབ་བྱེད་ཆོག གཙོད་གཏུབ་ཀྱི་སྐབས་སུ་སྡོང་པོ་རེ་རེ་བཞིན་བཅད་ན་འཚམ་ཞིང་། ཡལ་ག་གཙོ་བོ་ཁོ་ན་གཙོད་དགོས་པ་ལས་ཟུར་གྱི་ཡལ་ག་མི་གཙོད། གཏུབ་ཁ་སྙོམས་པོ་ཡིན་དགོས་ལ། གཏུབ་པའི་ཕུ་བ་ཐུང་ན་ལེགས།（པར་རིས4-1）བཟོ་དབྱིབས་གཏན་ཁེལ་གྱི་གཙོད་བཏུབ་ཐེངས་གཉིས་པ་ནི་ཐེངས་དང་པོ་ལས་ལི་སྨི8～12ཇེ་མཐོར་གཏོང་དགོས་པ་དང་། སྟེང་གི་ཡལ་ག་གཙོད་པ་དང་། ནང་ངོས་ཀྱི་ཡལ་ག་གཙོད་པར་མཉམ་འཇོག་དང་ཕྱི་ངོས་ཀྱི་ཡལ་ག་སོར་འཇོག་བྱེད་དགོས། འདི་ལྟར་བྱས་ཚེ། ཇ་སྡོང་གི་ཡལ་ག་རྒྱས་པར་སྐུལ་འདེད་བྱེད་ཐུབ། དུས་མཚུངས་སུ་རྩ་བ་དང་སྐེ་ངོས་ཀྱི་ཐུར་འཕྱང་ཡལ་ག་དང་ཉམ་ཆུང་ཡལ་ག་གཙོད་དགོས། བཅད་པའི་རྗེས་ཇ་སྡོང་གི་མཐོ་ཚད་ལི་སྨི30～40ཡིན། བཟོ་དབྱིབས་གཏན་ཁེལ་གྱི་གཙོད་བཏུབ་ཐེངས་གསུམ་པ་ནི་སྐབས་འདིའི་གཙོད་བཏུབ་ལྟར་སྙོམས་པོར་བཅད་ན་ཆོག སྔར་གྱི་བཟོ་དབྱིབས་གཏན་ཁེལ་གྱི་གཙོད་གཏུབ་ཐེངས་གཉིས་པའི་སྟེང་དུ་ལི་སྨི10～15ཡར་འདེགས་དགོས། ཆུ་སྙོམས་ཀྱི་གཙོད་བཏུབ་སྟེང་དུ་ཡལ་ག་གཙོད་པ་དང་། དེ་མིན་ཡལ་ག་ཕྲིལ་བོ་དང་ཐུར་དུ་དཔྱངས་པའི་ཡལ་ག་དང་ཡལ་ག་ཕལ་བ་བཅས་བཅད་ནས་ཡལ་ག་གཙོ་བོ་རྒྱུན་ལྡན་ངང་སྐྱེས་པར་སྐུལ་འདེད་བྱེད་དགོས། བཟོ་དབྱིབས་གཏན་ཁེལ་གྱི་གཙོད་བཏུབ་ཐེངས་གསུམ་བྱས་པའི་ཇ་སྡོང་གི་མཐོ་ཚད་ལི་སྨི40～55ཡིན་པ་དང་། ཁྲངས་ཚད་ངེས་

图4-1　茶苗移栽后第一次定型修剪

པར་རིས4-1　ཇ་སྡོང་སྐྱོ་འཛུགས་བྱས་པའི་རྗེས་ཀྱི་བཟོ་དབྱིབས་གཏན་ཁེལ་གྱི་གཙོད་གཏུབ་ཐེངས་དང་པོ།

ཅན་དང་སྨྲོམ་ཕྲ་འོས་འཚམ་གྱི་ཡལ་ག་བཞག་རིམ་ཡོད། བཟོ་དབྱིབས་གཏན་ཁེལ་གྱི་གཅོད་གཏུབ་བྱ་རྒྱུའི་དུས་ཚོད་ནི་ལོ་རེའི་སྒྲུ་གུ་མ་འབུས་པའི་སྔོན་ལ་འཛུག་དགོས། ཡལ་ག་རྒྱས་པའི་རྗེས་དུས་ཐོག་ཏུ་གཅོད་གཏུབ་བྱས་ནས་ཡལ་ག་རིང་ དྲགས་པར་དོ་སྣང་བྱ་དགོས། དབྱར་དུས་ཀྱི་གཅོད་གཏུབ་བྱ་རྒྱུ་ནི་ཚ་བ་ཆེ་བའི་གནམ་གཤིས་ཡིན་མི་རུང་། གཅོད་གཏུབ་བྱས་པའི་རྗེས་སུ་ཆུ་ལུད་དོ་དམ་དང་ནད་འབུའི་གནོད་འཚེ་ལ་འགོག་བཅོས་ཡག་པོ་བྱ་དགོས།

2. 轻修剪

为保持茶树蓬面平整，控制树冠高度，防止蓬面不平、树冠过高等现象，投产茶园均需进行轻修剪，采用平行修剪，每年进行1次。由于特殊的地理环境，西藏容易出现冻害，茶树轻修剪宜在春茶发芽前进行，且宜早不宜迟，避免影响春茶效益。轻修剪深度为5～10厘米，修剪时宜轻不宜重。一般采用绿篱机或专业茶树修剪机将枝梢从树冠上剪下，保证蓬面平整，并整理侧枝（图4-2）。轻修剪还具有复壮树冠、提高芽叶品质的作用（图4-3）。

轻修剪时应关注天气变化，避开低温天气、霜期。如遇霜冻，可延至回暖后再剪。应在回暖后及时剪掉冻伤的枝条，使其生长新枝。如不剪掉，受冻害的枝条干枯后会引起病害，严重时能深入根部，造成根部死亡。

2. སྐབས་བདེའི་གཅོད་གཏུབ།

ཁོད་སྙོམས་དང་སྡོང་རྩེ་མཐོ་ཚད་ཚོད་འཛིན་བྱས་ནས་སྡོང་ཤིང་ཡལ་ག་ངོས་མི་སྙོམས་པ་དང་སྡོང་རྩེ་མཐོ་དམའ་མི་གཅིག་པའི་སྣང་ཚུལ་མི་ཐོན་པའི་ཆེད། ཐོན་སྐྱེད་བྱེད་ཐུབ་པའི་ཇ་སྡིང་ཚང་མ་སྐབས་བདེའི་གཅོད་གཏུབ་བྱེད་དགོས་པ་མ་ཟད། ངོས་སྙོམས་ཀྱི་གཅོད་གཏུབ་ཀྱང་བྱ་དགོས། ལོ་རེར་ཐེངས་རེ་གཅོད་དགོས། བོད་ལྗོངས་འདི་ཉིད་དམིགས་བསལ་ས་ཁམས་ཁོར་ཡུག་ཡོད་པའི་རྐྱེན་གྱིས་འཁྱག་པའི་གནོད་འཚེ་ཐོན་སླ། དཔྱིད་ཇའི་སྔོན་ལ་ལག་བསྟར་བྱེད་དགོས་པ་ལས་སྔ་ཙམ་ལས་འཕྱི་ཙམ་མི་ཐོན་པ་བྱས་ཆོ། དཔྱིད་ཇའི་ཕན་འབྲས་ལ་ཤུགས་རྐྱེན་མི་ཐེབས་པ་བྱེད་དགོས། སྐབས་བདེའི་གཅོད་གཏུབ་ཀྱི་ཟབ་ཚད་ནི་ལི་སྨི5～10ཡིན། གཅོད་གཏུབ་སྐབས་བདེ་བྱེད་པ་ལས་ཞིབ་བཟོ་བྱེད་མི་རུང་། སྤྱིར་བཏང་དུ་ལྗང་རའི་འཕྲུལ་ཆས་སམ་ཆེད་ལས་ཀྱི་ཇ་སྡོང་གཅོད་གཏུབ་འཕྲུལ་ཆས་སྤྱད་ནས་སྡོང་མགོ་བཅད་ནས་ངོས་སྙོམས་པར་ཁག་ཐེག་བྱེད་ཐུབ་པ་མ་ཟད། གཞོགས་ཀྱི་ཡལ་གའང་ལེགས་སྒྲིག་བྱེད་དགོས། （པར་རིས4-2）སྐབས་བདེའི་གཅོད་གཏུབ་ལ་ད་དུང་ཡལ་ག་སླར་གསོ་དང་

སྨུ་གུ་འབུས་ཚད་རྒྱ་སྐྱུས་མཐོར་འདེགས་གཏོང་བའི་བྱེད་ནུས་ལྡན། （པར་རིས4-3）

སླབས་བདེའི་གཅོད་གཅུབ་ནི་གནམ་གཤིས་ཀྱི་འགྱུར་ལྡོག་ལ་དོ་སྣང་བྱེད་དགོས་པ་དང་། དྲོད་ཚད་དམའ་བའི་གནམ་གཤིས་དང་སད་རྒྱག་པའི་དུས་དང་གཡོལ་ནས་གཅོད་གཅུབ་བྱེད་དགོས། གལ་ཏེ་སད་དང་འཕྲད་ན་ནམ་གཤིས་ཇེ་དྲོད་འཕེལ་བའི་རྗེས་གཅོད་དགོས། འཁྲུག་རྨས་ཐེབས་པའི་ཡལ་ག་དེ་དྲོད་ཚད་ཇེ་དྲོད་སོང་རྗེས་དུས་ཐོག་ཏུ་གཅོད་ནས་ཡལ་ག་གསར་པ་སྐྱེ་རུ་འཇུག་དགོས། གལ་ཏེ་མ་གཅུབ་ན་འཁྲུག་པའི་གནོད་འཚེ་ཐེབས་པའི་ཡལ་ག་རྙམ་པོར་འགྱུར་ནས་ནད་གཞན་དག་སློང་སྲིད། ཚབས་ཆེ་བའི་དུས་རྩ་བའི་ནང་དུ་ཞུགས་ནས་རྩ་བ་ཤི་འགྲོ

图4–2　茶树轻修剪

པར་རིས4-2　ཇ་སྡོང་སླབས་བདེའི་གཅོད་གཅུབ།

图4–3　经轻修剪和未经修剪茶树茶芽发育差异

པར་རིས4-3　ཇ་སྡོང་སླབས་བདེའི་གཅོད་བཅུབ་དང་མ་གཅོད་པའི་སྨུ་གུ་སྐྱེ་འཚར་གྱི་ཁྱད་པར།

3. 深修剪

由于连年多次采摘，容易造成树冠采摘层衰退，茶树蓬面分枝越来越密集，新梢育芽能力减弱，萌发的芽叶瘦小，对夹叶多，每根分枝分节很多，形成“鸡爪枝”，因此，需要进行深修剪以改造树冠、恢复树势和保持高产优质（图4–4）。深修剪的深度以低于上年剪口10～15厘米为宜，剪去“鸡爪枝”，再用整枝剪清除蓬面中的弱枝、病枝、枯枝及下垂枝，增加新芽萌发率和单芽重量并提高正常芽叶的比例，也有利于控制树冠高度（图4–5）。深修剪通常每隔3～5年进行1次，一般在秋茶采摘结束后进行，为了减少当年经济损失，可安排在第一轮春茶采摘结束后进行。

3. ཞེང་མོའི་གཅོད་གཏུབ།

ལོ་བསྟུད་མར་ཐེངས་མང་ལ་འཐུ་འཐོག་བྱས་ཚེ། སྡོང་མགོའི་འཐུ་འཐོག་རིམ་པ་ཇེ་ཞན་དུ་ཕྱིན་ནས་ཇ་སྡོང་གསེབ་ཀྱི་ཡལ་ག་ཇེ་མང་དུ་འགྲོ་སྲིད། ཡལ་ག་གསར་པ་དང་ལོ་མ་གསར་པའི་ནུས་པ་ཇེ་ཞན་དུ་སོང་བ། སྡོང་པོ་རེ་རེའི་ཡལ་ག་བསྒོར་ཚད་མང་བ། སྡོང་གསེབ་ཀྱི་ལོ་མ་མང་དུ་ཕྱིན་པ། ཡལ་ག་མང་དུ་ཕྱིན་པ། བྱ་སྡེར་གྱི་རྣམ་པ་སོགས་མངོན་སྲིད། འདིའི་སྐབས་ལ་སྡོང་མགོའི་ཡལ་ག་ཞེང་མོའི་གཅོད་བཏུབ་བྱས་ན། སྡོང་པོ་སླར་གསོ་དང་ཐོན་ཚད་ཕུས་དག་སྲུང་འཛིན་བྱེད་ཐུབ།（པར་རིས4-4）ཞེང་མོའི་གཅོད་གཏུབ་ཀྱི་གཏིང་ཚད་དེ་ལོ་སྔོན་མ་ལས་ལི་སྨི10～15ལས་དམའ་བ་ཡོད་ན་འཚམ་པོ་ཡོད། བྱ་སྡེར་གི་ཡལ་ག་གཅོད་པ་དང་། དེ་ནས་ཡལ་ག་ཞན་པ་དང་ནད་ཕོག་པ། ཡལ་ག་སྐམ་པོ་དེ་བཞིན་ཐུར་འཕྱང་ཡལ་ག་བཅས་གཅོད་གཏུབ་བྱ་དགོས་པ་དང་། སྨྱུ་གུ་གསར་པའི་རྒྱས་ཚད་དང་ལྗིད་ཚད། རྒྱུན་གཏན་གྱི་སྨྱུ་གུ་རྒྱས་པའི་ལོ་མ་བསྡུར་ཚད་བཅས་མཐོ་རུ་བཏང་ན། སྡོང་རྩེའི་མཐོ་ཚད་ལ་ཚོད་འཛིན་བྱེད་རྒྱུར་ཕན་པ་ཡོད།（པར་རིས4-5） ལོ3～5རེའི་ནང་ཐེངས་གཅིག་ལ་གཅོད་གཏུབ་བྱེད་དགོས། སྤྱིར་བཏང་དུ་སྟོན་ཇ་འཐུ་འཐོག་མཇུག་བསྒྲིལ་བའི་རྗེས་གཅོད་གཏུབ་བྱེད་དགོས་ལ། ལོ་དེའི་དཔལ་འབྱོར་གྱོང་གུན་ཇེ་ཆུང་དུ་གཏོང་ཆེད། དཔྱིད་ཇ་འཐུ་འཐོག་མཇུག་བསྒྲིལ་བའི་རྗེས་སུ་བཀོད་སྒྲིག་བྱ་དགོས།

图4–4　未经修剪（左）和经深修剪（右）茶树蓬面
པར་རིས4-4 ཇ་སྡོང་ཞིབ་མོའི་གཙོད་གཏུབ་བྱེད་དང་མ་བྱེད་པའི་ཁྱད་པར།

图4–5　经深修剪和未经修剪茶树茶芽发育差异
པར་རིས4-5 ཇ་སྡོང་ཞིབ་མོའི་གཙོད་གཏུབ་བྱེད་དང་མ་བྱེད་པའི་སྨུ་གུ་སྐྱེ་འཚར་གྱི་ཁྱད་པར།

4. 重修剪

茶树经过逐年的采摘和修剪，逐渐趋向衰老，茶芽萌发力渐弱，产量锐减，此时需要进行重修剪。重修剪主要针对衰老茶树和未老先衰但主枝和一级、二级分枝尚健壮的茶树，此类茶树具有一定的分枝能力。其修剪深度为树冠的1/3～1/2，在离地面30～45厘米处用修剪机剪除树冠（图4–6）。为了减少经济损失，修剪时间宜选在第一轮春茶采摘结束后。重修剪还常用于常年失管的茶树，通过修剪压低主干和树冠，以方便后期管理和采摘。

4. བསྐྱར་མའི་གཅོད་གཏུབ།

ཇ་སྡོང་ལ་ལོ་རེ་རེ་བཞིན་དུ་འཐུ་འཐོག་དང་གཅོད་གཏུབ་བྱས་པ་བརྒྱུད་ཤིང་ལོ་རིམ་བཞིན་རྒས་པ་དང་། ཇ་ལོའི་སྨུ་གུ་རྒྱས་ཤུགས་ཆུང་བ། ཐོན་ཚད་ཉུང་དུ་འགྲོ་བ་བཅས་ཀྱི་གནས་ཚུལ་ཐོན་པའི་དུས་སུ་བསྐྱར་མའི་གཅོད་གཏུབ་བྱེད་དགོས། བསྐྱར་མའི་གཅོད་གཏུབ་ནི་གཙོ་བོར་རྒས་འཁོགས་ཇ་སྡོང་དང་རྒས་མེད་ཉམས་པའི་ཇ་སྡོང་གི་གཙོ་ཁང་དང་། རིམ་པ་དང་པོ་དང་གཉིས་པའི་ཡལ་ག་རྒྱས་ཚར་བའི་ཇ་སྡོང་དམིགས་ནས་གཏུབ་དགོས་ཤིང་། ཇ་སྡོང་དེ་རིགས་ལ་ཡལ་ག་བསྐྱེད་པའི་ནུས་པ་ངེས་ཅན་ཞིག་ལྡན་ཡོད། དེའི་གཅོད་གཏུབ་ཀྱི་ཟབ་ཚད་ནི་སྡོང་རྩེ་ཡི1/3～1/2ཡིན་ལ། ས་ངོས་དང་བར་ཐག་30～45cm ཡི་མཚམས་སུ་གཅོད་གཏུབ་འཕྲུལ་ཆས་ཀྱིས་སྡོང་རྩེ་གཅོད་དགོས།（པར་རིས4-6） ལོ་དེའི་དཔལ་འབྱོར་གྱོང་གུད་ཇེ་ཉུང་དུ་གཏོང་ཆེད། གཅོད་གཏུབ་ཀྱི་དུས་ཚོད་ནི་སྔར་དང་པོའི་དཔྱིད་ཇ་འཐུ་འཐོག་མཇུག་རྫོགས་པའི་རྗེས་སུ་འཚམ་པོ་ཡིན། བསྐྱར་མའི་གཅོད་གཏུབ་བྱས་པ་འདི་རྒྱུན་གཏན་གྱི་དོ་དམ་བྱ་ཡུལ་དུ་ཤུར་བའི་ཇ་སྡོང་ལ་སྤྱོད་དགོས་ཤིང་། གཅོད་གཏུབ་བྱས་པ་བརྒྱུད། སྡོང་ཁང་དང་སྡོང་རྩེ་ཇེ་དམའ་རུ་བཏང་ནས། དུས་མཇུག་ཏུ་དོ་དམ་དང་འཐུ་འཐོག་བྱ་རྒྱུར་སྟབས་བདེ་ཡོང་ཆེད་ཡིན།

图4–6　茶树重修剪

པར་རིས4-6　ཇ་སྡོང་བསྐྱར་མའི་གཅོད་གཏུབ།

5. 台刈

若茶树管理到位，营养供应充分，但茶树长势仍然逐渐衰退，树上多枯枝老梗，抽芽力弱，对夹叶多，枝条下部生长苔藓等，需要进行台刈来恢复茶树生机。台刈是一种彻底改造树冠的技术手段，适用于高龄且严重衰老的茶树（图4–7）。台刈高度会影响今后茶树的树势和产量：剪得高，萌发的新枝数目多而细；剪得低，萌发的新枝数目少而壮。灌木型中叶、小叶茶树品种，可在离地3～10厘米处剪去或齐地面剪去所有枝干。乔木型大叶茶树品种留树桩宜高，一般在20厘米处刈割所有枝干。初次台刈留桩应稍低，根盘大可留桩稍低，根盘小可留桩稍高。台刈工具可选用锋利的圆盘锯、台刈铗和修剪机等，要求切口平滑、倾斜且不撕裂茎干。台刈后应将根盘四周的泥土扒开，使小桩暴露于空气，促使潜伏芽萌发。台刈后的树冠培育要参照幼龄茶树的培育要求进行定型修剪。

5. སྡོང་ཁང་གཙོད་གཏུབ།

ཇ་སྡོང་གི་དོ་དམ་ལེགས་པོ་བྱུང་ཞིང་འཚོ་བཅུད་མཁོ་སྤྲོད་ལེགས་པོ་བྱས་ཡོད་མོད། འོན་ཀྱང་ཇ་སྡོང་གི་སྐྱེ་འཚར་ཐང་བཞིན་ཉམས་རྒུད་དུ་འགྲོ་ལ། སྡོང་པོའི་སྟེང་གི་ཡལ་ག་མང་པོ་སྐམ་ཞིང་སྨྱུ་གུ་འབུས་ཤུགས་ཆུང་བས། ལོ་མ་མང་ཞིང་ཡལ་ག་འོག་ཏུ་སྔོ་དྲེག་འབྱུང་བ་སོགས་ཀྱི་སྣང་ཚུལ་བྱུང་ཚེ། སྡོང་ཁང་གཏུབ་ནས་ཇ་སྡོང་གི་སྐྱེ་སྟོབས་སླར་གསོ་བྱེད་དགོས། སྡོང་ཁང་གཙོད་གཏུབ་ནི་སྡོང་མགོར་བཅོས་སྒྱུར་མཐར་ཕྱིན་པ་བྱེད་པའི་ཐབས་ལམ་ཞིག་ཡིན་ལ། ལོ་ན་བགྲེས་ཤིང་རྒས་ཚབས་ཆེ་བའི་ཇ་སྡོང་ལ་བཀོལ་ན་འཚམས།（པར་རིས4-7） སྡོང་ཁང་གཙོད་གཏུབ་ཀྱི་མཐོ་ཚད་ཀྱིས་མ་འོངས་པའི་སྡོང་སྟོབས་དང་ཐོན་ཚད་ཀྱི་མཐོ་དམན་ལ་ཤུགས་རྐྱེན་ཐེབས་ངེས་ཡིན། གཙོད་ཚད་མཐོ་ན། སྨྱུ་གུ་འབུས་པའི་ཡལ་ག་གསར་པའི་ཁ་གྲངས་མང་ཞིང་ཕྲ་བ་ཡིན། གཙོད་ཚད་དམའ་ན། སྨྱུ་གུ་འབུས་པའི་ཡལ་ག་གསར་པའི་ཁ་གྲངས་ཉུང་ཞིང་རྒྱས་པ་ཡིན། སྡོང་ཐུང་རིགས་ཀྱི་ལོ་མ་འབྲིང་བ་དང་ཆུང་བའི་རིགས་ཀྱི་ཇ་སྡོང་གཙོད་གཏུབ་བྱེད་སྐབས་ས་ངོས་དང་བར་ཐག་ལི་སྨི3～10བཞག་ནས་གཙོད་གཏུབ་བྱེད་པའམ་ཡང་ན་ས་ངོས་ཀྱི་ཡལ་ག་ཡོད་ཚད་གཙོད་དགོས། སྡོང་རིང་རིགས་ཀྱི་ལོ་མ་ཆེན་པོའི་སྡོང་ཁང་གཙོད་གཏུབ་མཐོ་ན་ལེགས། སྤྱིར་བཏང་དུ་ལི་སྨི20མཚམས་སུ་སྡོང་ཁང་ཡོད་ཚད་གཙོད་དགོས། ཐོག་མར་སྡོང་ཁང་གཙོད་གཏུབ་བྱེད་སྐབས་ཤིང་ཕུར་དམའ་ཙམ་འཇོག་དགོས་པ་དང་། རྩ་བ་ཆེ་ན་ཤིང་ཕུར་དམའ་མོ་འཇོག་དགོས། རྩ་བ་ཆུང་ན་ཤིང་ཕུར་མཐོ་ན་ལེགས། སྡོང་ཁང་གཙོད་གཏུབ་

ལ་བྲིག་ཆས་རྣོན་པོ་དང་གཏུབ་གྱི་གཙོད་གཏུབ་འཕྲུལ་ཆས་སོགས་འདེམ་དགོས། གཏུབ་པའི་ཁ་ནི་སྙོམས་ལ་གསེག་དགོས་ཤིང་གས་ཁ་མེད་པ་ཡིན་དགོས། སྡོང་རྐང་གཙོད་གཏུབ་བྱས་པའི་རྗེས་མཐའ་བཞིར་བྱུག་པའི་འདམ་ལེན་དགོས་པ་དང་། སྡོང་རྐང་ལ་ཁུང་བུ་ཆུང་ཆུང་བརྡོལ་ཏེ་དབུགས་རྫབ་ཏུ་བཙུག་ནས་མི་མངོན་པའི་སྨུ་གུ་རྒྱས་སུ་འཇུག་དགོས། སྡོང་རྐང་གཙོད་གཏུབ་བྱས་པའི་རྗེས་སྡོང་མགོ་འཇུགས་གསོ་ནི་སྡོང་ཕྲན་གྱི་དབྱིབས་ལྟར་བཟོ་དབྱིབས་གཏན་ཁེལ་བྱེད་དགོས།

图4–7 衰老茶树和台刈管理

པར་རིས4-7 རྒས་ཚབས་ཆེ་བའི་ཇ་སྡོང་དང་སྡོང་རྐང་གཙོད་གཏུབ་དོ་དམ།

6. 修剪注意事项

茶树修剪是对茶树的一种损伤，修剪后伤口愈合和新梢萌发，需要消耗根部大量的贮藏物质。由于营养物质集中供应地上部的萌芽生长，根系的生长会受到影响，严重时甚至会导致细根死亡。为使根系不断向上提供养分，应予充足的水肥供应。

定型修剪主要应用于幼龄茶树，可结合茶树幼龄期的施肥管理进行修剪前后的水肥管理，按其生长规律，多次进行养分补充。轻修剪和深修剪的茶园，可在修剪前后开沟施肥，并结合基肥进行修剪。若是春剪或夏剪，可在修剪后追肥1次，以促进新梢抽发。重修剪和台刈最好是在深耕翻土和埋施基肥后进行。为了便于操作，亦可在修剪后马上进行深耕翻土和埋施基肥。

6. གཙོད་གཏུབ་ལ་དོ་སྣང་བྱེད་དགོས་པའི་དོན་ཚན།

ཇ་སྡོང་གཙོད་གཏུབ་ནི་ཇ་སྡོང་ལ་གནོད་འཚེ་ཐེབས་པ་ཞིག་ཡིན།   གཙོད་གཏུབ་བརྒྱབ་རྗེས་རྩ་ཁ་སོས་པ་དང་མྱུ་གུ་གསར་པ་འབུས་རྒྱུར་ཕན་པའི་ནང་གི་ཉར་ཚགས་དངོས་པོ་འཕོར་ཆེན་ཞིག་ཟད་གྲོན་བྱེད་དགོས། འཚོ་བཅུད་དངོས་རྫས་ཀྱིས་མྱུ་གུ་འབུས་བར་རྒྱུ་ཆ་འདོན་སྤྲོད་བྱས་ཚེ་ཕན་པའི་སྐྱེ་འཚར་ལ་ཤུགས་རྐྱེན་ཐེབས་སྲིད། ཚབས་ཆེ་བའི་དུས་ཕན་པ་ཕྲ་མོ་ཤི་རུ་བཙུག་སྲིད། སྡོང་རྐང་ལ་འཚོ་བཅུད་འདོན་སྤྲོད་བྱེད་པའི་ཆེད། ཆུ་ལུད་འོས་འཚམ་འདོན་སྤྲོད་བྱེད་དགོས།

བཟོ་དབྱིབས་གཏན་ཁེལ་གྱི་གཙོད་གཏུབ་ནི་གཙོ་བོར་སྡོང་ཕྲན་རིགས་ལ་འཚམ། སྡོང་ཕྲན་རིགས་ཀྱི་ལུད་འཇོག་དོ་དམ་དང་བསྟུན་ནས་གཙོད་གཏུབ་བྱས་པའི་རྗེས་ཀྱི་ཆུ་ལུད་དོ་དམ་བྱ་དགོས་ལ། དེ་ནས་ཇ་སྡོང་སྐྱེ་འཚར་གྱི་ཆོས་ཉིད་ལྟར་འཚོ་བཅུད་ཁ་གསབ་ཐེངས་མང་བྱེད་དགོས། སྐབས་བདེའི་གཙོད་གཏུབ་དང་ཞིབ་མོའི་གཙོད་གཏུབ་ཀྱི་ཇ་སླིང་ལ། གཙོད་གཏུབ་བྱས་པའི་སྔ་རྗེས་སུ་ཀ་ཤུར་བཙུགས་ནས་ལུད་རྒྱག་དགོས་པ་མ་ཟད། ད་དུང་རྫང་ལུད་དང་མཉམ་དུ་གཙོད་གཏུབ་རྒྱག་དགོས། གལ་ཏེ་དཔྱིད་གཙོད་དང་དབྱར་གཙོད་བྱས་ན། གཙོད་གཏུབ་བྱས་པའི་རྗེས་ལུད་ཐེངས་གཅིག་འཇོག་དགོས་པ་དང་། ཡལ་ག་གསར་བར་སྐྱལ་འདེད་བྱེད་དགོས། ཞིབ་མོའི་གཙོད་གཏུབ་དང་སྡོང་རྐང་གཙོད་གཏུབ་ཀྱི་ཇ་སླིང་ནི་ཆེས་ལེགས་ན་གཉིང་སློག་དང་རྫང་ལུད་བཞག་པའི་རྗེས་ལག་བསྟར་བྱེད་དགོས། ལས་དོན་ལས་སླ་པོར་བསྒྲུབ་ཆེད།   གཙོད་གཏུབ་བྱས་པའི་རྗེས་མྱུར་དུ་གཉིང་སློག་དང་རྫང་ལུད་འཇོག་དགོས།

二、采　　摘
གཉིས། འཐུ་འཐོག

科学合理采摘是保证茶叶稳产、高产和质优的重要措施之一，应做到分批采摘、及时采摘和合理留叶采摘。茶叶采摘主要有手工采茶和机械采茶两种方法。手工采茶是传统的茶叶采摘方法，忌用捋采和抓采，应采用提采的方法，以减少对鲜叶的损伤。机械采茶目前多采用双人抬往返切割式采茶机采茶，这种方法能减少采茶劳动力，降低生产成本。合理的留叶标准是影响茶树持续增产的重要因素之一。对幼龄茶树，可基于“打顶留叶，采顶留侧”的原则采茶。对成龄茶树，应坚持以“以采为主，采留结合，及时开采”的原则采茶。对于深修剪、重修剪或台刈茶树，应以培养树冠为主，基于“以养为主，采摘为辅，分批打顶，采养结合”的原则采茶，重新培养采摘面。通过合理的采摘管理，可增强树势，达到增产目的。

ལུགས་མཐུན་གྱི་ཇ་ལོ་འཐུ་འཐོག་ནི་ཇ་ལོ་ཐོན་འབབ་བརྟན་པོ་དང་མཐོ་བ། སྤུས་ལེགས་བཅས་གྱི་བྱེད་ཐབས་གལ་ཆེན་གྱི་གྲས་ཤིག་ཡིན་པས། ཁག་བགོས་ནས་འཐུ་འཐོག་བྱ་རྒྱུ་དང་དུས་ཐོག་ཏུ་འཐུ་འཐོག་བྱ་རྒྱུ། ལུགས་མཐུན་ངང་ལོ་མ་འཐུ་འཐོག་བྱ་རྒྱུ་བཅས་བྱེད་དགོས། ཇ་ལོ་འཐུ་འཐོག་ལ་མི་ཐབས་འཐུ་འཐོག་དང་འཕྲུལ་ཆས་འཐུ་འཐོག་བྱེད་ཐབས་རིགས་གཉིས་ཡོད། ལག་ཤེས་འཐུ་འཐོག་བྱེད་ཐབས་ནི་སྲོལ་རྒྱུན་གྱི་ཇ་ལོ་འཐུ་འཐོག་བྱེད་ཐབས་ཤིག་ཡིན་པས། ལག་པས་མང་པོ་འཐོག་པའམ་བཙན་གྱིས་འཐོག་པར་དོ་སྣང་བྱ་དགོས་ལ། འཐུ་བའི་ཐབས་སྦྱད་ནས་འཐོག་དགོས་ཤིང་། ལོ་མ་སོས་པའི་གནོད་འཚེ་ཇི་ཆུང་དུ་གཏོང་དགོས། འཕྲུལ་ཆས་འཐུ་འཐོག་ནི་མིག་སྔར་མི་གཉིས་ཀྱིས་འཕྲུལ་ཆས་བཀུགས་ནས་ཕན་ཚུན་འགྲོ་འོང་བྱས་ནས་ཇ་ལོ་འཐུ་འཐོག་བྱེད་པ་ཞིག་ཡིན། བྱེད་ཐབས་དེས་ཇ་ལོ་འཐུ་འཐོག་གི་ངལ་རྩོལ་ནུས་ཤུགས་ཇི་ཉུང་དུ་བཏང་ནས་ཐོན་སྐྱེད་ཀྱི་མ་གནས་ཇི་དམའ་རུ་གཏོང་ཐུབ། ལོ་མ་འཇོག་པའི་ཚད་གཞི་ནི་ཇ་སྡོང་ཨུ་མཐུད་ནས་ཐོན་ཚད་འཕར་མིན་ཐག་གཅོད་བྱེད་པའི་གལ་ཆེའི་བྱ་ཐབས་ཤིག་ཡིན། སྡོང་ཕྲན་གྱི་དུས་ནས་བཟུང་“གཞོགས་གཉིས་འཐོག་ན་སྡོང་རྩེ་ནས་ལོ་མ་འཇོག་པ་དང་། སྡོང་རྩེ་འཐོག་ན་གཞོགས་གཉིས་ཀྱི་ལོ་མ་འཇོག་པ”རྩ་དོན་ལྟར་ཇ་ལོ་འཐོག་དགོས། རྒྱུན་ལྡན་ཇ་སྡོང་འཐུ་འཐོག་བྱེད་པའི་སྐབས“ཐོག་འདོན་གཙོ་བོར་འཛིན་པ། ཐོག་འདོན་དང་ཉར་ཚགས་ཟུང་འབྲེལ། དུས་ཐོག་ཏུ་ཐོག་འདོན་བྱེད་པ”བཅས་ཀྱི་རྩ་དོན་རྒྱུན་འཁྱོངས་བྱེད་དགོས། ཞིབ་མོའི་གཅོད་གཏུབ་དང་བསྐྱར་མའི་གཅོད་གཏུབ། སྡོང་རྐང་གཅོད་གཏུབ་ཀྱི་འཐུ་འཐོག་དོ་དམ་ནི་སྡོང་རྩེ་གསོ་སྐྱོང་བྱ་རྒྱུ་གཙོ་བོར་བཟུང་དགོས་ལ། “གསོ་སྐྱོང་གཙོ་བོར་འཛིན་པ། འཐུ་འཐོག་ཕལ་པར་འཛིན་པ། ཁག་བགོས་ནས་འདེགས་པ། འཐོག་གསོ་ཟུང་འབྲེལ་བྱེད་པ”བཅས་ཀྱི་རྩ་དོན་ལག་བསྟར་བྱས་ནས། འཐུ་འཐོག་བྱ་ཡུལ་གསར་དུ་གསོ་སྐྱོང་བྱེད་དགོས། ལུགས་མཐུན་ངང་འཐུ་འཐོག་དོ་དམ་བྱས་པ་བརྒྱུད། སྡོང་སྟོབས་ཆེ་རུ་བཏང་ནས། ཐོན་འཕར་གྱི་དམིགས་ཚད་མངོན་འགྱུར་ཡོང་བ་བྱེད་དགོས།

第五章　土壤管理技术及降氟措施

ལེའུ་ལྔ་པ།　ས་རྒྱུའི་དོ་དམ་ལག་རྩལ་དང་སྦྲུལ་ཤིང་གཏོང་རྒྱུའི་བྱ་ཐབས།

一、土壤管理技术
གཅིག ས་རྒྱུའི་ངོ་དམ་ལག་རྩལ།

1. 茶园耕作

科学合理的茶园耕作是提高茶叶产量、质量的重要环节：①疏松土壤，可改善土壤的通透性，协调管理土壤水、肥、气、热等状况；②翻埋肥料和有机质，熟化土壤，加厚耕作层，可提高土壤保肥和供肥的能力；③铲除杂草根，防止杂草繁衍，可清除部分土壤中对茶树生长不利的病虫害，但需注意不要采用错误的追肥方式，如不能随意将肥料撒在地膜上面和土壤表层（图5–1）。茶园耕作分浅耕、中耕和深耕。浅耕深度一般为2～5厘米，主要作用是破除土壤板结层，改善土壤通气透水状况，消灭茶园杂草。以除杂草为主要目的的浅耕，在时间和次数安排上以杂草发生情况为依据，可以适当增加浅耕次数，从而减少第二年的杂草数量。西藏部分茶园土壤板结严重，因此浅耕疏松土壤极为必要。中耕深度在15厘米以内，于春茶发芽前结合追肥进行。部分学者将深度不到15厘米的耕作统称为浅耕，主要目的是松土和除草。深耕深度在15厘米以上，有时可达30～40厘米，能把浅耕不到的下层土壤翻耕疏松，从而大大改善土壤通气透水状况，提高蓄水、供肥、供水能力（图5–2）。深耕结合有机肥的施用，能加快土壤熟化，形成松软肥厚的耕作层。幼龄茶园和成龄茶园的深耕一般需要结合施基肥进行，同时，深耕的深度和宽度要根据茶树的状态进行选择，以减轻对根系的伤害，如成龄茶园在生产上可采用隔行深耕的方法。西藏部分茶园衰老茶树分枝多、长势弱，必须进行修剪和疏枝，并结合深耕及施用较多的有机肥。深耕开沟不能太浅，应修剪掉无效枝，将修剪后的茶树枝条和周围杂草铺于沟底，再施用一定量的有机肥，回土填平。

1. ཇ་ཞིང་རྫོ་འདེབས།

ཚན་རིག་དང་མཐུན་ཞིང་ལུགས་དང་མཐུན་པའི་ཇ་ཞིང་རྫོ་འདེབས་ནི་ཇ་ལོ་ཐོན་ཚད་དང་སྤུས་ཚད་མཐོ་རུ་གཏོང་བའི་ལྟ་ཚོགས་གལ་ཆེན་ཞིག་ཡིན་ཞིང་། ①ཇ་ཞིང་ལུགས་དང་མཐུན་པའི་སྒོ་ནས་རྫོ་འདེབས་བྱས་ན་ས་རྒྱུ་སོབ་སོབ་ཏུ་གཏོང་ཚོག་པ་དང་། ས་རྒྱུའི་ཆུ་དང་རྫས་ལུད། སོལ་ཀླངས། ཚ་དྲོད་སོགས་ཀྱི་གནས་ཚུལ་ལ་མཐུན་སྦྱོར་བྱེད་ཐུབ། ②ཞིང་ལུད་དང་སྐྱི་ལྷན་རྫས་བཅུད་གཏིང་སློག་དང་ས་རྒྱུ་སྨིན་འགྱུར། རྫོ་འདེབས་རིམ་པ་ཇེ་མཐུག་ཏུ་གཏོང་ཚེ། ས་རྒྱུའི་ལུད་སྲུང་དང་ལུད་འདོན་ནུས་པ་ཆེ་རུ་གཏོང་ཐུབ། ③རྩྭ་ལྷུམ་མེད་པར་བཟོས་ནས་རྩྭ་ལྷུམ་སྐྱེ་འཕེལ་ལ་སྔོན་འགོག་བྱས་ཚེ། ས་རྒྱུ་ཁག་ཅིག་གི་ཇ་སྡོང་སྐྱེ་འཚར་ལ་མི་ཕན་པའི་ནད་འབུའི་གནོད་པ་མེད་པར་གཏོང་ཐུབ་སོད། འོན་ཀྱང་ལུད་རྫས་བསྣན་སྟངས་ཡང་དག་སྤྱོད་རྒྱུར་དོ་སྣང་བྱེད་དགོས།（པར་རིས5-1）ཇ་ཞིང་རྫོ་འདེབས་ལ་རྫོ་འདེབས་གཏིང་ཐུང་དང་། རྫོ་འདེབས་གཏིང་འབྲིང་། རྫོ་འདེབས་གཏིང་ཟབ་བཅས་རིགས་གསུམ་ཡོད། གཏིང་ཐུང་གི་གཏིང་ཚད་སྤྱིར་བཏང་ལི་སྨི2～5ཡིན་པ་དང་། བྱེད་ནུས་པ་གཙོ་བོ་ནི་ས་རྒྱུའི་མཁྲེགས་པོ་ཆགས་རིམ་མེད་པར་བཟོས་ནས་ས་རྒྱུའི་ཐད་ཀྱི་ཆུ་སིམ་གནས་ཚུལ་ཇེ་ལེགས་སུ་བཏང་སྟེ་ཇ་ཞིང་གི་རྩྭ་ལྷུམ་མེད་པ་བཟོ་རྒྱུ་དེ་ཡིན། རྩྭ་ལྷུམ་མེད་པར་བཟོ་བའི་དམིགས་ཡུལ་གཙོ་བོ་ནི་རྫོ་འདེབས་གཏིང་ཐུང་ཡིན་ཏེ། དུས་ཚོད་དང་ཐེངས་གྲངས་བཀོད་སྒྲིག་བྱེད་པའི་ཐད་དུ་རྩྭ་ལྷུམ་མེད་པར་གཏོང་བའི་གནས་ཚུལ་གཞི་འཛིན་སར་བྱས་ཏེ། རྫོ་འདེབས་ཐེངས་གྲངས་འོས་འཚམ་ངང་ཇེ་མང་དུ་གཏོང་བ་དང་། ལོ་གཉིས་པའི་རྩྭ་ལྷུམ་ཇེ་ཉུང་དུ་བཏང་དགོས། བོད་ལྗོངས་ཇ་ཞིང་ཁག་གཅིག་གི་ས་རྒྱུ་མཁྲེགས་པོ་ཡོད་པས་ས་རྒྱུ་སོབ་སོབ་བཟོ་རྒྱུ་ནི་ཤིན་ཏུ་གལ་ཆེ། རྫོ་འདེབས་གཏིང་འབྲིང་གི་གཏིང་ཚད་ལི་སྨི15ནང་ཚུན་དང་དཔྱིད་ཀའི་གོང་ལ་སྤེལ་དགོས་པ་དང་། དེ་མིན་ལུད་རྫས་དང་ཟུང་འབྲེལ་བྱེད་དགོས། དེ་མིན་གཏིང་ཚད་ལི་སྨི15ཟིན་མེད་པའི་རྫོ་འདེབས་ལ་གཏིང་ཐུང་ཡང་ཟེར། གཙོ་བོ་ས་སོབ་སོབ་དང་རྩྭ་ལྷུམ་མེད་པར་བཟོ་རྒྱུ་དེ་ཡིན། རྫོ་འདེབས་གཏིང་ཟབ་ཀྱི་གཏིང་ཚད་ལི་སྨི15ཡན་ཡིན་ན་ལི་སྨི30～40ལ་སླེབས་དགོས། རྫོ་འདེབས་གཏིང་ཐུང་ལས་འོག་རིམ་གྱི་ས་རྒྱུ་སོབ་སོབ་བསྒྱུར་མ་ཐུབ་པའི་ས་རྒྱུ་དག་སོབ་སོབ་ཏུ་བཏང་ནས། ས་རྒྱུའི་ཆུ་གསོག་དང་ལུད་འདོན། ཆུ་འདོན་བཅས་ཀྱི་ནུས་པ་ཆེ་རུ་གཏོང་ཐུབ།（པར་རིས5-2）རྫོ་འདེབས་གཏིང་ཟབ་བྱེད་པའི་དུས་མཉམ་དུ་སྐྱི་ལྷན་ལུད་རྫས་བསྣན་ན། ས་རྒྱུ་སོབ་ཅིང་མཐུག་པའི་རྫོ་འདེབས་རིམ་པ་ཞིག་ཆགས་ཐུབ། ཇ་ཞིང་གསར་རྙིང་གི་རྫོ་འདེབས་གཏིང་ཟབ་སྤྱིར་བཏང་དུ་རྨང་ལུད་བསྣན་པ་དང་ཟུང་འབྲེལ་བྱེད་དགོས་པ་དང་། རྫོ་འདེབས་གཏིང་ཟབ་ཀྱི་ཟབ་ཚད་དང་ཞེང་ཚད་ལ་གཞིགས་ནས་ཇ་སྡོང་གི་རིགས་སྣ་བདམས་ཏེ། རྩ་ལག་ལ་གནོད་འཚེ་ཐེབས་ཚད་ཇེ་ཆུང་དུ་གཏོང་དགོས། དཔེར་ན། རྒྱུན་ལྡན་

ཇ་གླིང་གི་ཐོན་སྐྱེད་ཐད་དུ་སྔོ་འདེབས་གཉིང་ཟབ་ཀྱི་བྱེད་ཐབས་སྤྱད་ཆོག བོད་ལྗོངས་ཇ་གླིང་ཁག་གཅིག་ལ་ཡལ་ག་མང་བ་དང་སྐྱེ་འཚར་ཞན་པས་ངེས་པར་དུ་གཅོད་གཏུབ་དང་ཡལ་ག་བཀར་དགོས་པ་མ་ཟད། ད་དུང་སྔོ་འདེབས་གཉིང་ཟབ་དང་ཟུང་འབྲེལ་བྱས་ནས་སྐྱེ་ལྡན་ལུད་མང་ཙམ་བསྣན་དགོས། ས་རྒྱུ་གཉིང་རྔོད་ཀྱི་ཁ་ཡུར་གཉིང་ཙུང་ཟད་ཟབ་དགོས་ལ། ཕན་པ་མེད་པའི་ཡལ་ག་གཅོད་གཏུབ་དང་། གཅོད་གཏུབ་བྱས་པའི་རྗེས་ཀྱི་ཇ་སྡོང་ཡལ་ག་དང་མཐའ་འཁོར་གྱི་རྩྭ་ལྕུམ་དག་ཁ་ཤུར་གྱི་ཞབས་སུ་བཏིང་རྗེས། ཡང་བསྐྱར་སྐྱེ་ལྡན་ལུད་ཚད་ངེས་ཅན་ཞིག་བསྣན་ནས་ས་ཁོད་སྐོམས་པོར་གཏོང་དགོས།

图5–1　茶园错误追肥方式

པར་རིས5-1 ཇ་གླིང་གི་ནོར་འཁྲུལ་ལུད་རྫས་བསྣན་སྟངས།

图5–2　茶园深耕追肥（开沟—铺埋—施肥—回土）

པར་རིས5-2 ཇ་གླིང་གི་སྔོ་འདེབས་གཉིང་ཟབ་ཀྱི་ལུད་རྫས་བསྣན་ཚུལ།（ཁ་ཤུར-སྦས་པ-ལུད་བསྣན-ས་སྐོམས）

2. 防草措施

在茶园土壤管理中，除草是一项重要且频繁的工作。茶园杂草危害大，会跟茶树争夺土壤中的营养成分，还容易滋生病虫害，甚至能够帮助某些害虫安全过冬，严重影响茶叶的产量和品质。茶园防草方式有机械或人工除草、间作绿肥、茶园铺草或用防草布（膜）覆盖等。人工除草主要结合耕作进行，每年浅耕3～5次能起到很好的防草作用。浅耕可使用阔口锄、刮锄，能立刻除去杂草的地上部分，短期抑制杂草生长；浅耕使用板锄、齿耙，既能起到松土作用，又能把杂草翻压入土，这种除草方式在旱季比雨季效果好。对于攀缠在茶树上的藤类杂草则需要辅以人工拔草。幼龄茶园一般采取人工拔除杂草的方法，而在新茶园建设或者老茶园改造过程中则需要进行精耕细作，这对于节节草、茅草、狗牙根、香附子等顽固性杂草的根除有较好的效果。

绿肥是一种生物性肥料，通过与茶树的共生关系，固定空气中的氮素，或通过深埋方式增加土壤营养元素的有效成分和腐殖质含量，从而达到提高茶园土壤肥力的效果。一般在幼龄茶园、重修剪茶园、台刈茶园等，或行距较大的成龄茶园间作绿肥，主要间作于茶行中间、茶园空地或茶园边。西藏气候特征特殊，可优选具有抗寒性的绿肥品种，如苜蓿、紫云英、白三叶草、抗寒大豆品种等（图5-3）。夏季绿肥应在春茶采摘后种植，冬季绿肥应在施用基肥后种植；绿肥种植后可结合茶园耕作措施进行割青，割青标准以不影响茶树生长为前提，割青后将其覆盖或翻埋于茶行间。间作绿肥既能与杂草争夺空间以减少杂草生长，同时，将绿肥在生长旺盛期刈割填埋或覆盖于茶行间，又能增加茶园有机肥来源。此外，茶园若合理密植，待成龄茶树封行后，行间很少滋生杂草，无须特别防草。

2. རྩྭ་ལྷམ་འགོག་ཐབས།

ཇ་གླིང་ས་རྒྱུའི་དོ་དམ་ཁྲོད་རྩྭ་ལྷམ་མེད་པར་བཟོ་རྒྱུ་ནི་རྒྱུན་གཏན་རང་བཞིན་གྱི་ལས་ཀ་གཙོ་བོ་ཞིག་རེད། ཇ་གླིང་གི་རྩྭ་ལྷམ་གནོད་འཚེ་ཆེ་བས། ས་རྒྱུའི་ཁྲོད་ཀྱི་འཚོ་བཅུད་གྲུབ་ཆ་འཕྲོག་ལེན་བྱེད་སྲིད་ལ། ད་དུང་ནད་འབུའི་གནོད་འཚེ་འབྱུང་སླ་བ་མ་ཟད། ཐ་ན་དགུན་སྐྱོལ་གྱི་གནོད་འབུ་ཁ་ཤས་བདེ་འཇགས་ངང་དགུན་སྐྱོལ་བྱེད་དུ་བཅུག འདི་དག་གིས་ཇ་སྡོང་གི་ཐོན་ཚད་དང་ཇ་ལོའི་སྤུས་ཀར་

ཇ་གླིང་དུ་རྩྭ་འདིང་བ་དང་རྩྭ་འགོག་རས（སྐྱི་པགས）བཀབ་ཚེ་ཇ་གླིང་གི་ས་རྒྱུའི་དྲོད་ཚད་རྒྱུན་འཁྱོངས་ཐུབ་པ་དང་། ཆུ་རླངས་འགྱུར་རྗེ་ཉུང་དུ་ཕྱིན་ནས་ས་ཆུ་ཤོར་བ་སྔོན་འགོག་བྱེད་ཐུབ་ལ། དྲོད་སྲུང་བརྟན་སྲུང་གི་ནུས་པ་ཐོན་ཐུབ། དེ་མིན་ས་རྒྱུའི་ཆུ་དང་ཚ་རླངས། སོལ་རླངས་སོགས་རྗེ་ལེགས་སུ་འགྲོ་རྒྱུར་ཕན་འབྲས་ཐོན་ཐུབ། དུས་མཚུངས་འོད་ལ་ནུས་ལྡན་ངང་སྔོན་འགོག་བྱས་ནས་རྩྭ་ལྗུམ་གྱིས་འོད་སྦྱོར་ནུས་པར་བཀག་འགོག་ཐེབས་ལ། རྩྭ་ལྗུམ་སྐྱེ་རྒྱུ་རྗེ་ཉུང་དུ་གཏོང་ཐུབ།（པར་རིས5-4） ཇ་གླིང་ལ་རྩྭ་འདིང་བའི་མ་གནས་ཆུང་བ་དང་དཔལ་འབྱོར་ཕན་འབྲས་ཆེ་བས། ཆུ་འབུད་མི་ཐུབ་པ་དང་ས་རྒྱུ་སྙོན་དྲགས་པའི་ཇ་གླིང་ཕུད། ཇ་གླིང་གཞན་དག་སྣ་ཚོགས་ལ་འཚམ་པོ་ཡོད། རྩྭ་འགོག་རས（སྐྱི་པགས）ཁེབས་ཚད་དེ་རྩ་འདིང་པ་ལས་དགེ་མཚན་ཆེ། དེས་ཇ་གླིང་ས་ངོས་ཀྱི་དྲོད་ཚད་དང་བརྟན་བཤེར་འགག་ལེན་ཐུབ་པ་མ་ཟད། སྡོང་ཕྲུག་སྐྱེ་འཚར་ལ་སྐུལ་འདེད་ཐུབ་པ་དང་ཆབས་ཅིག་རྩྭ་ལྗུམ་སྐྱེ་རྒྱུར་ཚོད་འཛིན་བྱས་ནས། ཚད་ངེས་ཅན་ཞིག་གི་ཐོག་ནས་ནད་འབུའི་གནོད་འཚེ་མི་ཐོན་པ་བྱེད་ཐུབ། རྩྭ་འགོག་འཁྱིག་སྲབ་དེ་སྦགས་བཙོག་མེད་པའི་རྒྱུ་ཆ་བདམས་ཚེ་ཇ་གླིང་དུ་རྫས་འགྱུར་གནོད་འཚེ་མི་ཕོག་པ་ཁག་ཐེག་བྱེད་ཐུབ། རྩྭ་འདིང་བའི་དུས་ཚོད་དགུན་དུས་ངལ་གསོ་བའི་དུས་སུ་རྨོ་འདེབས་བྱས་ཏེ་ལུད་བསྣན་པའི་རྗེས་སུ་སྤྱིལ་དགོས་པ་དང་། ཇ་གླིང་གསར་པའི་སྡོང་ཕྲན་སྐྱོ་འཛུགས་བྱེད་པའི་རྗེས་སུ་རྩྭ་འདིང་དགོས། དེ་མིན་ཇ་སྡོང་གཙོ་བོ་དང་ཡལ་ག་ཕན་ཚུན་འཕྲད་པ་དང་ལོ་མ་གནོན་པར་འཛེམ་དགོས། རྩྭ་རྒྱུ་ནི་རི་རྩྭ་དང་འདེབས་རྩྭ། གྲོ་རྩྭ། སྲན་ཀང་། བུར་ཤིང་། གཙོད་གཏུབ་ཀྱི་ཡལ་འདབ། སྦོ་ལུད་སོགས་བདམས་ཆོག་ལ། ནད་འབུའི་གནོད་འཚེ་དང་སྦགས་བཙོག་མེད་པའི་སྣང་བྱ་རྒྱུན་འཁྱོངས་བྱེད་དགོས།

图5–4　西藏幼龄茶园（左）和成龄茶园（右）防草布覆盖

པར་རིས5-4　བོད་ལྗོངས་ཇ་གླིང་གསར་པ་དང་རྒྱུན་ལྡན་ཇ་གླིང་གི་རྩྭ་འགོག་རས་བཀབ་ཚུལ།

3. 水分管理

茶树是喜湿耐阴植物，加强对茶园的水分管理可以保证茶树茁壮生长，即当水分不足的时候要及时进行灌溉，当水分过多的时候要注意清沟排涝。茶树缺少水分会导致枝叶生长受阻，芽叶生长缓慢，叶形变小，出现大量对夹叶，以致芽叶萎蔫，成叶枯焦，茶树停止生长；水分过多，则会使茶树生长不良，甚至造成茶树根系变黑、溃烂而死亡。茶园土壤水分含量直接影响茶树的生长发育水平，以及关系到茶叶是否优质高产。

茶园灌溉科学管理指标主要包括气象要素指标、土壤湿度指标和茶树生理指标。气象要素指标是指通过对气温、降水量的判定，针对茶园干旱程度，及时补充水分或排水。土壤湿度指标是指通过观察茶园地表泥土的干燥程度，判断茶树是否缺水，如茶园地表土壤干燥皴裂，说明土壤的含水量不够，需要及时灌溉；如茶园低洼地带积水严重，需及时检查排水系统进行排水，防止茶园形成局部水涝。茶树生理指标是指通过观察茶树新梢水分生理情况判断是否缺水，茶树缺水严重时，需立即进行浇水灌溉，以恢复茶树的水分供应，使茶树恢复生机。在极端高温或干旱季节，更应做好茶园抗旱保水工作，及时安排灌溉，减少水分散失。

传统茶园灌溉主要是采用茶园地面流灌方式，即将水通过沟渠引到茶园中灌溉。这种方式虽然能够保证茶园的水分供应，但是若灌溉不当，就有可能造成茶园积水，不利于茶树生长发育。目前大多数现代化茶园主要采用喷灌和滴灌，这两种方式需要借助一定的动力装置和输水管道及其他设备进行，会增加一笔不小的固定成本开支，并且需要由专业的技术人员安装使用和操作维修，因此在规模化茶园中使用比较多，在分散种植茶园中使用较少。幼龄茶园和成龄茶园的需水量不同，喷灌的间隔天数和时长也有所不同。成龄茶园采用微喷和滴灌给水，可快速、显著提高茶树根系周围土壤的含水量，促进茶树芽叶生长，增加茶叶产量，且灌溉过程中土壤水分散失少，利用率高；幼龄茶园则隔天灌溉1次，在清晨或傍晚进行。低洼茶园应在茶园四周开挖宽80厘米、深1米的深沟进行排水。对于土壤黏性太大、排水不彻底的茶园，可通过碎土及增施有机肥进行土壤结构改良。

3. ཆུའི་དོ་དམ།

ཇ་སྡོང་ནི་ཉི་ནུས་ལ་དགའ་བའི་སྐྱེ་དངོས་ཞིག་ཡིན་པས། ཇ་གླིང་གི་ཆུ་དོ་དམ་ལ་ཤུགས་སྣོན་བརྒྱབ་ན་ཇ་སྡོང་སྐྱེ་འཚར་ལེགས་པོ་ཡོང་བར་ཁག་ཐེག་བྱེད་དགོས་ཏེ། ཆུ་མི་འདང་བའི་དུས་སུ་དུས་ཐོག་ཏུ་ཆུ་འདྲེན་དགོས་པ་དང་། ཆུ་མང་དྲགས་པའི་དུས་སུ་ཀ་ཤུར་ལས་ཕྱིར་འབུད་པར་དོ་སྣང་བྱ་དགོས། ཇ་སྡོང་ལ་ཆུ་དཀོན་ན་ཡལ་འདབ་སྐྱེ་འཚར་ལ་འགོག་རྐྱེན་བཟོ་བ་དང་། སྨུ་གུའི་སྐྱེ་འཚར་དལ་བ། ལོ་མའི་དབྱིབས་འགྱུར་ཆུང་བ། ལོ་མ་རྐམ་པ། ཇ་སྡོང་སྐྱེ་མཚམས་ཆད་པ་སོགས་ཀྱི་སྣང་ཚུལ་ཐོན་སྲིད། ཆུ་མང་དྲགས་ན་ཇ་སྡོང་སྐྱེ་འཚར་ལེགས་པོ་མི་ཡོང་བ་དང་། ཐ་ན་ཇ་སྡོང་གི་རྩ་ལག་ནག་པོར་གྱུར་ནས་ཤི་འགྲོ ཇ་གླིང་གི་ས་རྒྱུའི་ནང་གི་ཆུའི་འདུས་ཚད་མང་ཉུང་གིས་ཇ་སྡོང་གི་སྐྱེ་འཚར་ཆུ་ཚད་ལ་ཐད་ཀར་ཤུགས་རྐྱེན་ཐེབས་ཡོད་ལ། དེ་མིན་ཇ་ལོའི་ཐོན་ཚད་དང་སྤུས་ཀར་ཤུགས་རྐྱེན་ཐེབས་སྲིད།

ཇ་གླིང་གི་ཚན་རིག་དང་མཐུན་པའི་དོ་དམ་དམིགས་ཚད་ཀྱི་ནང་དུ་གཙོ་བོར་གནམ་གཤིས་ཀྱི་རྒྱུ་རྐྱེན་དམིགས་ཚད་དང་ས་རྒྱུའི་བརྟན་བཞེར་དམིགས་ཚད། ཇ་སྡོང་གི་སྐྱེ་ཁམས་དམིགས་ཚད་བཅས་ཚུད་ཡོད། གནམ་གཤིས་ཀྱི་རྒྱུ་རྐྱེན་དམིགས་ཚད་ནི་གནམ་གཤིས་ཀྱི་དྲོད་ཚད་དང་ཆར་ཆུ་འབབ་ཚད་གཏན་ཁེལ་བྱས་པ་བརྒྱུད། ཇ་གླིང་ཐན་པའི་གནས་ཚུལ་གྱི་ཚད་མི་འདྲ་བར་དམིགས་ནས་དུས་ཐོག་ཏུ་ཆུ་ཁ་སྣོན་དང་ཆུ་འབུད་བྱ་རྒྱུ་དེ་རེད། ས་རྒྱུའི་བརྟན་བཞེར་དམིགས་ཚད་ནི་ཇ་གླིང་གི་ས་ངོས་སྐམ་བཞེར་ལ་ལྟ་ཞིབ་བྱས་ནས་ཇ་སྡོང་ལ་ཆུ་དཀོན་མིན་བརྟར་ཞ་གཅོད་དགོས། དཔེར་ན། ཇ་གླིང་གི་ས་ངོས་སྐམ་ནས་གས་ཀ་ཤོར་ན། ས་རྒྱུའི་ནང་གི་ཆུའི་འདུས་ཚད་མི་འདང་བ་མཚོན་པས་དུས་ཐོག་ཏུ་ཆུ་འདྲེན་དགོས། དཔེར་ན། ཇ་གླིང་གི་གཤོང་ས་དམའ་སར་ཆུ་གསོག་ཚབས་ཆེ་བར་དུས་ཐོག་ཏུ་ཆུ་འབུད་མ་ལག་ལ་ཞིབ་བཤེར་བྱས་ཏེ་ཇ་གླིང་ཁག་གཅིག་ལ་ཞོད་སྐྱོན་མི་ཐོན་པ་བྱེད་དགོས། ཇ་སྡོང་གི་སྐྱེ་ཁམས་དམིགས་ཚད་ནི་ཇ་སྡོང་གི་ཡལ་ག་གསར་བའི་སྐྱེ་ཁམས་གནས་ཚུལ་ལ་ལྟ་ཞིབ་བྱས་པ་བརྒྱུད་ཆུ་དཀོན་མིན་ལ་བརྟར་ཞ་གཅོད་པ་དེ་ཡིན། ཇ་གླིང་ལ་ཆུ་དཀོན་པའི་སྐབས། འཕྲལ་མར་ཆུ་འདྲེན་པ་དང་། ཇ་གླིང་གི་ཆུ་མགོ་སྲུང་སྐྱོང་ལྷར་གསོ་བྱས་ཏེ། ཇ་སྡོང་གི་སྐྱེ་སྟོབས་སླར་གསོ་བྱེད་དགོས། དྲོད་ཚད་ཏ་ཅང་མཐོ་བའམ་ཐན་པའི་དུས་ཚིགས་སུ་ཇ་གླིང་གི་ཐན་འགོག་ཆུ་སྲུང་གི་ལས་དོན་ཡག་པོ་བསྒྲུབས་ཏེ་དུས་ཐོག་ཏུ་ཆུ་འདྲེན་གཏོང་བྱ་རྒྱུ་བཀོད་སྒྲིག་བྱས་ནས་ཆུ་ཡལ་ཚད་ཉུང་དུ་གཏོང་དགོས།

སྲོལ་རྒྱུན་ཇ་གླིང་ལ་ཆུ་འདྲེན་པ་ནི་གཙོ་བོར་ས་ངོས་ཀྱི་ཀ་ཤུར་ལས་ཆུ་འདྲེན་ཐབས་སྤྱད་ནས་ཆུ་འདྲེན་པ་ཡིན། འདི་ནི་ཀ་ཤུར་ལས་ཇ་གླིང་ལ་ཆུ་འདྲེན་པ་ཡིན། བྱེད་ཐབས་འདི་རིགས་ཀྱིས་ཇ་

སྐྱིང་གི་ཆུ་འདྲེན་ལས་དོན་འགན་ལེན་བྱེད་ཐུབ་ཀྱང་འདྲེན་སྟངས་མ་འགྲིག་ཚེ། ཇ་སྐྱིང་དུ་ཆུ་གསོག་ནས་ཇ་སྡོང་སྐྱེ་འཚར་ལ་ཕན་པ་མེད། མིག་སྔར་དེང་རབས་ཅན་གྱི་ཇ་སྐྱིང་མང་ཆེ་བར་ཆུ་གཏོར་བ་དང་ཆུ་ཐིག་པའི་བྱ་ཐབས་སྤྱད་བཞིན་ཡོད། བྱ་ཐབས་འདི་གཉིས་ལ་འགྲུལ་ཤུགས་སྒྲིག་ཆས་དང་ཆུ་འདྲེན་མདོང་ལམ། དེ་བཞིན་སྒྲིག་ཆས་གཞན་དག་བཅས་དགོས་ལ། གཏན་འཇགས་མ་གནས་མི་ཉུང་བ་ཞིག་གྲ་སྒྲིག་བྱེད་དགོས། དེ་མིན་ཆེད་ལས་ལག་རྩལ་མི་སྣས་སྒྲིག་སྦྱོར་བེད་སྤྱོད་དང་ཉམས་གསོ་བྱེད་དགོས། དེར་བརྟེན་གཞི་ཁྲོན་ཅན་གྱི་ཇ་སྐྱིང་ནང་དུ་སྤྱད་པ་མང་བ་དང་ཁ་ཐོར་གྱི་ཇ་སྐྱིང་དུ་སྤྱད་པ་ཉུང་ཉུང་། ཇ་སྐྱིང་གསར་བ་དང་རྒྱུན་ལྡནཇ་སྐྱིང་གཉིས་ཀྱི་ཆུ་དགོས་མཁོ་མི་འདྲ་ལ་ཆུ་གཏོར་བའི་བར་ཐག་དང་ཉིན་ཚད་དུས་ཡུན་ཡང་མི་འདྲ། རྒྱུན་ལྡན་ཇ་སྐྱིང་ལ་ཆུ་གཏོར་བ་དང་ཆུ་ཐིག་པ་གང་ཡིན་རུང་། ཇ་སྡོང་རྩ་ལག་མཐའ་འཁོར་གྱི་ས་རྒྱུའི་ཆུ་འདུས་ཚད་མགྱོགས་མྱུར་ངང་ཇེ་མཐོར་བཏང་ནས། ཇ་སྡོང་གི་མྱུ་གུ་སྐྱེ་འཚར་ལ་སྐུལ་འདེད་དང་ཇ་ལོ་ཐོན་ཚད་ཇེ་མང་དུ་གཏོང་ཐུབ། དེ་མིན་ཆུ་འདྲེན་པའི་བརྒྱུད་རིམ་ཁྲོད་ཆུ་ཤོར་ཚད་ཆུང་ལ་སྤྱོད་ཚད་མཐོ། ཇ་སྐྱིང་གསར་བའི་ཉིན་གཅིག་གི་བར་མཚམས་སུ་ཆུ་ཐེངས་གཅིག་གཏོང་དགོས་པ་དང་། ཞོགས་པ་དང་ས་སྲིབ་མཚམས་སུ་གཏོང་དགོས། དམའ་སའི་ཇ་སྐྱིང་ནི་མཐའ་སྐོར་དུ་ཞེང་ལ་ལི་སྨི་80དང་གཏིང་ལ་སྨི་1གི་ཀ་ཤུར་བརྐོས་ནས་ཆུ་ཕྱིར་འབུད་དགོས། ས་རྒྱུ་འབྱར་ཤུགས་ཆེ་དྲགས་པས་ཆུ་འབུད་པ་སྟབས་བདེ་མིན་ཚེ། ཡུལ་གཞན་ནས་སྐྱེ་ལྡན་ལུད་མང་དུ་བཏང་སྟེ་ས་རྒྱུའི་གྲུབ་ཆ་ཇེ་ལེགས་སུ་གཏོང་ཚོག

4. 施肥管理

为了保证茶叶的产量和品质，应合理选择肥料类型，注意施肥量与施用方法。茶树在生长发育过程中，树体吸收的营养物质主要从大气、水和土壤中来，其中氮、磷、钾被称为茶树生长的三大要素，其作用大，茶树对其的需求量也大，然而土壤中3种元素含量常常不足。施氮肥能使茶树枝叶生长繁茂；施磷肥能促进茶树的生长发育，提高茶叶质量；施钾肥能提高茶树对氮肥的利用率，增强茶树抵抗病虫害和寒冷的能力，还可以增加产量，改进茶叶质量。因此茶园施用不同比例的氮肥、磷肥、钾肥对茶树的生长性状、茶叶产量及茶叶品质都有很大的影响。

茶园要平衡施肥，防止茶园缺肥（图5-5）或施肥过量。一般可根据土壤理化性质、茶树生长状态、预计产量、制茶类型和气候等条件确定肥料种类、数量和施肥时间。茶园应避免单纯使用化肥和矿物质肥料，宜多施有机肥，化肥应与有机肥配合使用；施用有机肥如植物残渣（杂草、修剪后的茶树枝条等）、动物粪便、堆肥等，可以显著提高土壤有机质含量，为土壤提供碳、氮、磷等重要养分，改善茶园土壤的质量和肥力，促进茶树生长和碳固定。建议生态低碳茶园氮肥年施用总量（折合纯氮计算）控制在225千克/公顷以下，其中有机肥的氮肥含量不少于30%；钾肥年施用总量［折合氧化钾（K_2O）计算］控制在75千克/公顷以下［氯化钾（KCl）最高用量不超过300千克/公顷，且不能在幼龄茶树上施用］；磷肥年施用总量［折合五氧化二磷（P_2O_5）计算］控制在45千克/公顷以下。

4. ལུད་འཇོག་ཚོད།

ཇ་ལོ་ཐོན་ཚད་དང་ཇ་ལོ་སྤུས་ཀ་ཁག་ཐེག་བྱེད་ཆེད། ལུགས་དང་མཐུན་པར་ལུད་རྫས་ཀྱི་རིགས་འདེམ་དགོས་པ་དང་། ལུད་འཇོག་ཚད་དང་བེད་སྤྱོད་བྱེད་ཐབས་ལ་མཉམ་འཇོག་དགོས། ཇ་སྡོང་སྐྱེ་འཚར་ཡོང་བའི་བརྒྱུད་རིམ་ནང་ལྡོན་ཤིང་གིས་འཚོ་བཅུད་ལེན་པའི་དངོས་པོ་ནི་གཙོ་བོར་རླུང་ཁམས་ཆེན་མོ་དང་ཆུ། ས་རྒྱུ་བཅས་ནས་ཡོང་བ་དང་། དེའི་ནང་ཏན་དང་ལིན། ཀྲ་བཅས་གཞི་རྒྱུ་གསུམ་ལ་ཇ་སྡོང་སྐྱེ་འཚར་གྱི"རྒྱུ་རྐྱེན་གསུམ"ཞེས་བརྗོད་ཀྱི་ཡོད། འདི་དག་གི་དགོས་མཁོ་དང་ནུས་པ་ཆེ་ལ། ས་རྒྱུ་མཁོ་འདོན་ལ་རྟག་ཏུ་མི་འདང་བ་ཞིག་ཡིན། ཏན་ལུད་བསྣན་ན་ཇ་སྡོང་གི་ཡལ་འདབ་རྒྱས་པར་ཕན། ལིན་ལུད་བསྣན་ན་ཇ་སྡོང་གི་སྐྱེ་འཚར་ལ་སྐུལ་འདེད་གཏོང་ཐུབ་པ་དང་ཇ་ལོ་སྤུས་ཚད་མཐོར་འདེགས་གཏོང་ཐུབ། ཀྲ་ལུད་བསྣན་ན་ཇ་སྡོང་གི་ཏན་ལུད་འཛིན་ལེན་ཇེ་བཟང་དུ་གཏོང་ཐུབ་པ་དང་། ཇ་སྡོང་ལ་ནད་འབུ་དང་གྲང་ངར་འགོག་པའི་ནུས་པ་ཇེ་ཆེར་གཏོང་ཐུབ་པར་མ་ཟད། ཐོན་ཚད་ཇེ་མང་དང་ཇ་ལོ་སྤུས་ཚད་ཇེ་ལེགས་སུ་གཏོང་ཐུབ། དེར་བརྟེན། ཇ་ཞིང་དུ་བསྡུར་ཚད་མི་འདྲ་བའི་ཏན་ལིན་ཀྲ་ལུད་སྤྱད་ན་ཇ་སྡོང་སྐྱེ་འཚར་གྱི་རྣམ་པ་དང་ཇ་ལོ་ཐོན་ཚད། ཇ་ལོ་སྤུས་ཚད་བཅས་ལ་ཤུགས་རྐྱེན་ཆེན་པོ་ཐེབས་སྲིད།

ཇ་ཞིང་ལ་ལུད་བསྣན་དུས་དོ་མཉམ་ངང་ལུད་བསྣན་དགོས་པ་དང་། ཇ་ཞིང་ལ་ལུད་མི་འདང་བ་དང་ལུད་བསྣན་ཐལ་ཤོར་བ་མི་ཡོང་བ་བྱ་དགོས། (པར་རིས5-5) སྤྱིར་བཏང་དུ་ས་རྒྱུའི་དངོས་ལུགས་རྫས་འགྱུར་རང་བཞིན་དང་ཇ་སྡོང་སྐྱེ་འཚར་གྱི་གནས་ཚུལ། སྔོན་དཔག་ཐོན་འབོར། ཇ་ལོ་བཟོ་རིགས། ནམ་ཟླ་སོགས་ཀྱི་ཆ་རྐྱེན་ལ་གཞིགས་ནས་ལུགས་དང་མཐུན་པའི་ལུད་རྫས་ཀྱི་རིགས་དང་གྲངས་འབོར། ལུད་རྒྱག་པའི་དུས་ཚོད་བཅས་གཏན་ཁེལ་བྱེད་དགོས། ཇ་ཞིང་དུ་རྫས་འགྱུར་ལུད་

དང་གཉེར་རྩས་ལུད་ཁོ་ན་བེད་སྤྱོད་མི་བྱེད་པར་སྐྱེ་ལྡན་ལུད་མང་ཙམ་བསྣན་དགོས་པ་དང་། རྩས་འགྱུར་ལུད་དེ་སྐྱེ་ལྡན་ལུད་དང་མཉམ་དུ་བེད་སྤྱོད་གཏོང་དགོས། སྐྱེ་ལྡན་ལུད་དཔེར་ན་རྩི་ཤིང་གི་སྙིགས་རོ་（རྩྭ་ལྷམ་དང་གཙོད་གཏུབ་བྱེད་པའི་ཇ་སྡོང་གི་ཡལ་ག་སོགས）དང་སྲོག་ཆགས་ཀྱི་གཅིན་སྐྱག ལུད་སྤུངས་སོགས། འདི་དག་གིས་ས་རྒྱུའི་སྐྱེ་ལྡན་རྫས་བཅུད་ཀྱི་འདུས་ཚད་མངོན་གསལ་གྱིས་ཇེ་མཐོར་བཏང་སྟེ། ས་རྒྱུར་ཐྲན་དང་ཏན། ཡིན་སོགས་འཚོ་བཅུད་གལ་ཆེན་འདོན་སྤྲོད་བྱེད་པ་དང་། ཇ་ཞིང་གི་ས་རྒྱུའི་རྒྱུ་སྤུས་དང་གཤིན་ཚད་ཇེ་ལེགས་སུ་བཏང་སྟེ། ཇ་སྡོང་གི་སྐྱེ་འཚར་ལ་སྐུལ་འདེད་དང་ཐྲན་གཏན་འཛུགས་ལ་སྐུལ་འདེད་བྱེད་ཐུབ། སྐྱེ་ཁམས་ཐྲན་ཅུང་ཇ་ཞིང་གི་ཏན་ལུད་ལོ་རེ་བཞིན་བེད་སྤྱོད་བྱེད་པའི་སྤྱི་འབོར་（ཏན་སྣར་ལ་ཕབ་ནས་རྩིས་རྒྱག་པ）དེ་225སྤྱི་ཁེ/སྤྱི་ཆིང་མན་དུ་ཚོད་འཛིན་བྱེད་དགོས་པ་དང་། དེའི་ནང་སྐྱེ་ལྡན་ལུད་ཀྱི་ཏན་ལུད་30%ལས་མི་ཉུང་བ་བྱེད་དགོས། ཙྭ་ལུད་ལོ་རེར་སྤྱོད་ཚད（ཕབ་རྩིསK_2O）དེ་སྤྱི75སྤྱི་ཁེ/སྤྱི་ཆིང་མན། （KClསྤྱོད་ཚད་མཐོ་ཤོས་300སྟོང་ཁེ/མུའུ་ལས་མི་བརྒལ་བར་ཚོད་འཛིན་བྱེད་དགོས་པ་དང་། སྔོན་ཐྲན་གྱི་སྟེང་དུ་KClསྤྱོད་མི་ཆོག）ཡིན་ལུད་ལོ་རེའི་སྤྱོད་ཚད（ཕབ་རྩིསP_2O_5）་45 སྟོང་ཁེ་/སྤྱི་ཆིང་མན་ཚོད་འཛིན་བྱེད་དགོས།

图5–5　幼龄茶苗（左）和成龄茶园（右）缺肥症状

པར་རིས5-5　ཇ་ཞིང་གསར་པ་དང་རྒྱུན་ལྡན་ཇ་ཞིང་ལ་ལུད་དཀོན་པའི་སྣང་ཚུལ།

茶园施肥有根部施肥和叶面施肥两种。根部施肥有基肥和追肥之分，叶面施肥则主要用于追肥。茶园基肥应足量，以有机肥为主，配施适量的磷肥、钾肥，结合冬季深耕，开沟施肥，沟深在20厘米以上。每亩施用有机肥1 500～2 500千克，并根据土壤条件，配合施用磷肥、钾肥、镁肥和其他所需营养。有机肥必须充分腐熟，经过无害化处理，彻底清除有机肥中的病菌、虫卵等外源有害物。有机肥污染物质允许含量见表5-1［参考中华人民共和国农业行业标准《有机肥料》（NY/T 525—2021）］。

茶树追肥的主要作用是不断满足茶树生长发育过程中对营养元素的需要，以进一步促进茶树的生长，达到持续高产、稳产的目的。追肥分为催芽肥、夏茶追肥和秋茶追肥，可结合茶树生育规律分多次进行，以化学肥料为主（图5-6）。我国茶区分布广，各茶区气候条件、土壤类型、所种茶树品种特性等差异较大，因此各茶区施用催芽肥的时间也有很大的差异。西藏茶区催芽肥的施用时间一般在每年4月初（茶叶开采前30～40天），在开沟深10厘米左右处施入。在春茶采摘结束之后，应及时进行第二次追肥（夏茶追肥）；夏茶采摘结束后又要进行第三次追肥（秋茶追肥）。

ཇ་སྡིང་གི་ལུད་ལ་རྩད་པའི་ལུད་དང་ལོ་མའི་ལུད་རིགས་གཉིས་ཡོད། རྩད་པའི་ལུད་ལ་རྒྱང་ལུད་དང་ཁ་ལུད་གཉིས་ཀྱི་དབྱེ་བ་ཡོད་ལ། ལོ་མའི་ལུད་ལ་ཁ་ལུད་ལ་སྤྱོད་ཀྱིན་ཡོད། ཇ་སྡིང་ལ་རྒྱང་ལུད་འདང་དགོས་ཤིང་། སྐྱེ་ལྡན་ལུད་གཙོ་བོ་བྱས་ཏེ། འོས་འཚམ་གྱི་ལིན་དང་ཙྭ་ལུད་བསྣན་དགོས། དགུན་དུས་སུ་རྩོ་འདེབས་གཏིང་ཟབ་བྱེད་པ་དང་ཆབས་ཅིག་ལུད་བསྣན་རྒྱུའི་ཀ་ཤུར་བཀོ་དགོས་པ་དང་། གཏིང་ཚད་ལི་སྨི20ཡན་ཡིན་དགོས། མུའུ་རེར་སྐྱེ་ལྡན་ལུད་སྤྱི་རྒྱ1 500～2 500བསྣན་དགོས་པ་མ་ཟད། ས་རྒྱུའི་ཆ་རྐྱེན་ལ་གཞིགས་ནས་ལིན་ལུད་དང་ཙྭ་ལུད། རྨེ་ལུད། དེ་མིན་མཁོ་བའི་འཚོ་བཅུད་གཞན་དག་ཀྱང་བསྣན་དགོས། སྐྱེ་ལྡན་ལུད་དེ་ངེས་པར་དུ་རུལ་བསླལ་གང་ལེགས་བྱེད་དགོས། གནོད་མེད་ཅན་དུ་བསྒྱུར་རྗེས། སྐྱེ་ལྡན་ལུད་ནང་གི་ནད་འབུ་དང་འབུ་སྒོང་སོགས་གནོད་འཚེ་ཡོད་པའི་དངོས་རྫས་རྩ་བ་ནས་གཙང་སེལ་བྱེད་དགོས། སྦགས་བཙོག་དངོས་པོའི་འདུས་ཚད་རེའུ་མིག5-1གི་གཏན་འབེབས་དང་མཐུན་དགོས།

ཇ་སྡོང་ཁ་ལུད་བསྣན་པའི་ནུས་པ་གཙོ་བོ་ནི་ཇ་སྡོང་སྐྱེ་འཚར་ཡོང་བའི་བརྒྱུད་རིམ་ནང་འཚོ་བཅུད་ཀྱི་རྒྱུ་ཆར་ཁ་གསབ་བྱས་ཏེ་ཇ་སྡོང་སྐྱེ་འཚར་ལ་སྐུལ་འདེད་བཏང་ནས་ཐོན་འབབ་རྒྱུན་མཐུད་དང་ཐོན་འབབ་བརྟན་པོ་ཡོང་བའི་དམིགས་ཡུལ་ཡིན། ཁ་ལུད་ལ་མྱུ་གུ་འབྱུས་པའི་ལུད་དང་དབྱར་ཇ་ཁ་ལུད། སྟོན་ཇ་ཁ་ལུད་ཀྱི་ཁྱད་པར་ཡོད། ཇ་སྡོང་གི་སྐྱེ་འཕེལ་ཆོས་ཉིད་དང་ཟུང་འབྲེལ་བྱས་ཏེ་ཐེངས་མང་པོར་བགོ་དགོས་ཤིང་། རྫས་འགྱུར་ལུད་གཙོ་བོར་འཛིན་དགོས།（པར་

རིས5-6）རང་རྒྱལ་གྱི་ཇ་ལོ་ཁྱབ་ཁོངས་རྒྱ་ཆེ་ཞིང་། གནམ་གཤིས་ཆ་རྐྱེན་དང་ས་རྒྱུའི་རིགས། རིགས་སྣའི་ཁྱད་ཆོས་སོགས་ལ་ཁྱད་པར་ཅུང་ཆེ་བས། སྦྱུ་གུ་འབུས་པར་སྐྱལ་བའི་ལུད་ཀྱི་དུས་ཚོད་ལ་ཁྱད་པར་ཆེན་པོ་ཡོད། བོད་ལྗོངས་ཇ་ལོ་ཁུལ་དུ་སྦྱུ་གུ་སྐྱལ་བའི་ལུད་དེ་སྤྱིར་བཏང་དུ་ཟླ་4པའི་ཟླ་འགོར་བསྣན་དགོས（ཇ་ལོ་འབྲུ་འཐོག་མ་བྱེད་པའི་གོང་གི་ཉིན30~40）ཡིན་ཞིང་། ཀ་ཤུར་གྱི་གཏིང་ཚད་ལི་སྨི10ཡས་མས་ཡིན་དགོས། དབྱིད་ཇ་མཇུག་བའི་བསྒྲིལ་རྗེས། དུས་ཐོག་ཏུ་ཁ་ལུད་ཐེངས་གཉིས་པ་བསྣན་དགོས།　（དབྱར་ཇའི་ཁ་ལུད་བསྣན་དགོས།）དབྱར་ཇ་མཇུག་རྫོགས་རྗེས་ཡང་བསྐྱར་ཁ་ལུད་ཐེངས་གསུམ་པ་བསྣན་དགོས།　（སྟོན་ཇའི་ལུད་འདེད་）

图5–6　幼龄茶园浅耕追肥

པར་རིས5-6　ཇ་སྡིང་གསར་བའི་གཏིང་ཐུང་ཁ་ལུད་བསྣན་ཚུལ།

茶园叶面施肥是对根部施肥的补充，具有吸收快、利用率高的优点。西藏茶区气候特殊，部分茶园易受冻害，因此对茶园进行叶面施肥效果更佳。当前常用的叶面肥有尿素（浓度控制在2%以内可短期降低茶叶氟含量）、腐殖质类叶面肥及化学肥料类叶面肥［如磷酸二氢钾（KH_2PO_4）等］。叶面肥宜在阴天或傍晚施用，且宜喷施在叶子背面。

ཇ་སྡིང་གི་ལོ་མའི་ལུད་ནི་རྩད་པའི་ལུད་ཀྱི་ཁ་གསབ་ཅིག་ཡིན་ཞིང་། དེར་བསྡུ་ལེན་བྱེད་ཚད་

སྤྱོད་བྱེད་པ་རྒྱུན་འཁྱོངས་དང་། ས་རྒྱུའི་ནང་དུ་རང་བྱུང་དུ་ལུད་འཇོག་པ་མངོན་འགྱུར་བྱ་རྒྱུ། སྦྱིར་བཏང་དུ་ཇ་སྐྱིང་དགུན་དུས་ངལ་གསོའི་དུས་སུ་ས་འབུ་ནག་རིང་（མུའུ་རེར་ཀང་500དང་ཆོག་མང་པོར་བགོས་ནས་འཇོག་དགོས།）བཞག་ནས་ས་འགེབ་ཅིང་། དེ་ནས་ཇ་སྡོང་ལས་གཙོད་གཏུབ་བྱེད་པའི་ཡལ་ག་བདེ་ཐང་ཅན་སྟེང་དུ་བཀབ་ནས་འཇོག་དགོས། གཉིས་ནི་སྐྱེ་དངོས་ཕྲ་རབ་ཀྱི་ལུད་རྫས་ཡིན་ཏེ། སྐྱེ་ཕན་འབུ་ཕྲའི་རིགས་ཀྱི་ལུད་རྫས་ཤིག་སྦྱིར་བཏང་དུ་གཏེར་རྒྱུ་ལུད་རྫས་དང་ཟུང་འབྲེལ་བྱས་ནས་བེད་སྤྱོད་བྱེད་དགོས། གཏེར་རྒྱུ་དབྱེ་ཕྲལ་བྱེད་ཚད་ཇེ་མགྱོགས་སུ་བཏང་སྟེ། ཚད་ཅུང་མ་རྒྱུ་འདོན་པའི་ནུས་པ་འདོན་སྤེལ་བྱེད་ཐུབ། སྐྱེ་དངོས་ལ་ལུད་བརྒྱབ་ཆེ་ཇ་སྐྱིང་གི་ས་རྒྱུའི་གཤིན་ཚད་དང་སྐྱེ་དངོས་ཀྱི་གསོན་ཤུགས་མངོན་གསལ་དོད་པོས་ཇེ་ལེགས་སུ་བཏང་ནས་ཇ་ལོ་ཐོན་ཚད་དང་སྤུས་ཚད་མཐོ་རུ་གཏོང་རྒྱུར་སྐུལ་མ་ཐེབས་པ་མ་ཟད། ད་དུང་རྫས་ལུད་ལས་ཕན་འབྲས་ཀྱང་ཆེ།

二、土壤降氟措施
གཉིས། ས་རྒྱུའི་བྲུལ་ཚུང་གཏོང་རྒྱུའི་བྱ་ཐབས།

随着西藏茶产业的发展，部分茶园已经逐步开始生产黑茶，黑茶原料的成熟度较高，氟含量容易超标。其原料中的氟主要是茶树从土壤中吸收所得，进而在树体内蓄积，因此土壤栽培管理措施会对茶树的氟含量产生影响。茶园栽培管理措施包括施肥、修剪、除草和病虫害防治等，其中部分措施可以改变茶树的氟含量，例如：①含氟磷肥可在土壤表面腐化、溶解到土壤中，继续为茶树提供氟源。②含氟农药的使用可为茶树叶片或土壤增加氟源等，并对其产生影响。③茶园土壤氟的存在形态也能影响茶树对氟的吸收。

适宜的土壤栽培管理措施可降低茶树的氟含量，例如：①向茶园土壤中添加0.5%（质量比）不同形态的含钙化合物或在酸性土壤上施用白云石粉、$Ca(OH)_2$，在偏碱性土壤上施用$Ca(NO_3)_2$、$CaCl_2$，调整土壤pH至5左右，每亩用量25～50千克，可以通过离子络合作用降低土壤可吸收氟含量。②向土壤中外源添加1.5%～2%（质量比）的竹炭和木炭，充分混合，每亩用量75～100千克，可以通过吸附作用降低土壤可吸收氟含量。③向土壤中外源添加腐殖酸氟离子吸附剂和低分子量有机酸，充分混合，每亩用量30～50千克，可以降低土壤可吸收氟含量。④向氟含量较高的茶园土壤中添加土壤降氟剂，搅拌均匀，使土壤含水量保持在40%～60%，养护5～10天，每亩用量30～50千克，能达到降低土壤氟含量的目的。⑤在茶叶的生长期对叶面喷施KH_2PO_4溶液，也可降低茶叶氟含量。⑥每亩可用30克KH_2PO_4兑水15千克进行叶面喷施。⑦每亩每次使用6千克KH_2PO_4溶液冲施酸性土壤。⑧采摘季节应适当增施含氮量高的肥料，茶鲜叶采摘10天前，可叶面喷施浓度为2%的尿素溶液。

བོད་ལྗོངས་ཇ་ལོ་ཐོན་ལས་འཕེལ་རྒྱས་ཕྱིན་པ་དང་བསྟུན་ནས་ཇ་ནག་གི་རྒྱུ་ཆ་འཐུས་ཚང་དུ་ཕྱིན་ནས་ཇ་ནག་གི་ཚྭའུ་འདུས་ཚད་ཚད་ལས་བརྒལ་ཡོད། ཇ་ནག་རྒྱུ་ཆའི་ནང་གི་ཚྭལ་ནི་ཇ་སྡོང་གིས་ས་རྒྱུའི་ནང་ནས་བསྡུ་ལེན་བྱས་པ་དང་། དེ་ནས་ལུས་ནང་དུ་བསགས་ཡོད། དེའི་ཕྱིར་འོས་འཚམ་གྱི་ས་རྒྱུའི་གསོ་སྐྱོང་དོ་དམ་བྱེད་ཐབས་བརྒྱུད་ཇ་སྡོང་གི་ཚྭལ་འདུས་ཚད་ཇེ་དམའ་རུ་གཏོང་ཐུབ། ཇ་གླིང་འདེབས་གསོ་དོ་དམ་བྱ་ཐབས་ནང་ལུད་བསྣན་པ་དང་གཅོད་གཏུབ་བྱེད་པ། རྩྭ་ལྷམ་མེད་པ་བཟོ་བ། ནད་འབུའི་གནོད་འཚེ་འགོག་བཅོས་བྱེད་པ་སོགས་ཚུད་ཡོད། དེའི་ནང་གི་བྱ་ཐབས་ཁག་གཅིག་གིས་ཇ་སྡོང་གི་ཚྭའུ་འདུས་ཚད་ལ་འགྱུར་ལྡོག་གཏོང་ཐུབ། དཔེར་ན། ཚྭལ་ལྡན་ལེན་ལུད་དེ་ས་རྒྱུའི་ཕྱི་ངོས་རུལ་སུངས་སུ་སྒྱུར་ནས་ས་རྒྱུའི་ནང་དུ་ཞུ་ཐུབ་ལ། མུ་མཐུད་དུ་ཇ་སྡོང་ལ་ཚྭལ་ཁུངས་མཁོ་འདོན་བྱེད་ཐུབ། ཚྭལ་འདུས་རྒྱུ་སྣན་གྱི་བེད་སྤྱོད་བྱེད་པ་ནི་ཇ་སྡོང་གི་ལོ་འདབ་དང་ས་རྒྱུའི་ནང་དུ་ཚྭལ་རྒྱུ་ཁ་སྣོན་བྱེད་པ་ཡིན། འདི་དག་ཚང་མས་ཇ་གླིང་གི་ཚྭལ་འགྱུར་རྫས་ལ་ཤུགས་རྐྱེན་ཐེབས་པ་ཡིན། དེ་མིན་ཇ་གླིང་གི་ས་རྒྱུའི་ཁྲོད་ཀྱི་ཚྭལ་གནས་སྟངས་ཀྱིས་ཇ་སྡོང་གིས་ཚྭལ་བསྡུ་ལེན་བྱེད་པར་ཤུགས་རྐྱེན་ཐེབས། ཇ་གླིང་གི་ས་རྒྱུའི་ཁྲོད་0.5%（སྲུས་ཚད）ཡི་རྣམ་པ་མི་འདྲ་བའི་ཀལ་འདུས་འདྲེས་འགྱུར་རྫས་སམ་སྐྱུར་གཞིས་ས་རྒྱུའི་སྟེང་དུ་པེ་ཡུན་ཇོ་ཕྱེ་མ་དང $Ca(OH)_2$ བསྣན་པ། བུལ་གཞིས་ཅན་ཚང་བའི་ས་རྒྱུའི་སྟེང $Ca(NO_3)_2$ $CaCl_2$ སྤྱད་པ། ས་རྒྱུའི་pHནས་5ཡས་མས་ལེགས་སྒྲིག་བཅས་བྱས་ནས་མུའུ་རེར་སྟོང་ཁེ་25～50བཀོལ་ན། ས་རྒྱུའི་ཚྭལ་འདུས་ཚད་ཇེ་དམའ་རུ་གཏོང་ཐུབ། དེ་མིན་ས་རྒྱུའི་ནང་དུ་གྲུང་ཕྱེ1.5%～2%（སྲུས་ཚད་བསྡུར）ཡི་སྨུག་སོལ་དང་སོལ་བ་བསྲེས་ནས་མུའུ་རེའི་སྟོང་ཁེ75～100བཀོལ་ན། འཛིབ་ནུས་ལ་བརྟེན་ནས་ས་རྒྱུའི་ནང་གི་ཚྭལ་འདུས་ཚད་ཇེ་ཉུང་དུ་གཏོང་ཐུབ། ས་རྒྱུའི་ནང་དུ་ཚྭལ་འདུས་ཚད་ཅུང་མཐོ་བའི་ས་རྒྱུ་ལ་ཚྭལ་ཉུང་རྫས་བསྣན་ནས། གང་ལེགས་སྙོམས་བསྲེས་སྦྱོར་བྱས་ན། ས་རྒྱུའི་ནང་གི་ཆུའི་འདུས་ཚད40%～60%བར་སྲུང་འཛིན་བྱེད་ཐུབ་

པ་དང་། བདག་སྐྱོང་ཉིན5~10བར་བྱས་ནས། སྨུའུ་རེའི་སྟོང་ཁེ་30~50སྦྱིད་ན་ས་རྒྱུའི་ནང་གི་རྫུལ་འདུས་ཚད་ཇེ་ཉུང་དུ་གཏོང་བའི་དམིགས་ཡུལ་འགྲུབ་ཐུབ། ཇ་ལོ་སྐྱེ་འཚར་གྱི་དུས་སུ་ལོ་མའི་ངོས་ལ་གཏོར་ན་རྫུལ་འདུས་ཚད་ཇེ་ཉུང་དུ་གཏོང་ཐུབ། སྨུའུ་རེར་ཞིན་སྐྱུར་ཨར་ཆིང་ཐྭ་ཁེ30དེ་ཆུ་སྟོང་ཁེ་15ཡི་ནང་བསྲེས་ནས་ལོ་མའི་སྟེང་དུ་གཏོར་ནའང་ཆོག ཡང་ན་སྨུའུ་རེ་ལ་ཐེངས་རེར་སྤྱོད་ཚད་སྟོང་ཁེ6ཙམ་གཏོར་ན། སྐྱུར་གཞིས་ས་རྒྱུ་དེ་དབྱང་ཀལ་རྫས་དང་མཉམ་འབྲེལ་བྱས་ནས་སྤྱོད་ནའང་ཆོག་ལ། བསྡུར་ཚད་ནི1：6ཡིན། འཐུ་འཐོག་དུས་ཚིགས་སུ་ཏན་འདུས་ཚད་མཐོ་བའི་ལུད་རྫས་བསྟན་དགོས་ལ། ཇ་ལོ་འཐུ་འཐོག་མ་བྱེད་པའི་གོང་གི་ཉིན10སྔོན་ལ། ལོ་མའི་ངོས་སུ་སྟུག་ཚད་2% གཅིན་རྒྱུ་གཏོར་ནའང་ཞིགས།

第六章　病虫害绿色防控技术

ལེའུ་དྲུག་པ།　ནད་འབུའི་གནོད་པར་ལྗང་མདོག་སྔོན་འགོག་ཆོད་འཛིན་གྱི་ལག་རྩལ།

病虫害绿色防控是指在“科学植保，公共植保，绿色植保”的理念指导下，遵循“预防为主，综合治理”的方针，从整个茶园生态系统出发，综合运用生态调控、预测预报技术、生物防治、物理防治和科学用药等技术或措施，创造不利于病虫等有害生物滋生及有利于有害生物的各类天敌繁衍的环境条件，保持茶园生态平衡和恢复生物多样性，将有害生物控制在允许的经济阈值以内。

ནད་འབུའི་གནོད་པར་ལྗང་མདོག་སྔོན་འགོག་ཚོད་འཛིན་ཞེས་པ་ནི“ཚན་རིག་དང་མཐུན་པའི་རྩི་ཤིང་སྲུང་སྐྱོང་དང་། སྤྱི་གཉེར་གྱི་རྩི་ཤིང་སྲུང་སྐྱོང་། ལྗང་མདོག་གི་རྩི་ཤིང་སྲུང་སྐྱོང་”བཅས་ཀྱི་མཛུབ་ཁྲིད་འོག“སྔོན་འགོག་གཙོར་འཛིན།ཕྱོགས་བསྡུས་བཅོས་སྐྱོང་།”བྱེད་ཕྱོགས་ལ་བརྩི་སྲུང་དང་།ཇ་གླིང་ཧྲིལ་པོའི་སྣོད་བཅུད་མ་ལག་ནས་འགོ་བཙམས་ནས། སྣོད་བཅུད་སྙོམས་སྒྲིག་དང་དངོས་འགྱུར་ཚོད་འཛིན། སྐྱེ་དངོས་འགོག་བཅོས། ཚན་རིག་དང་མཐུན་པའི་སྨན་སྤྱོད་སོགས་ཀྱི་ལག་རྩལ་བྱེད་ཐབས་ཕྱོགས་བསྡུས་བྱས་ཤིང་། ནད་འབུ་སོགས་གནོད་ཡོད་སྐྱེ་དངོས་སྐྱེ་འཕེལ་ལ་ཕན་པའི་ཁོར་ཡུག་མེད་པར་གཏོང་ལ། དེ་དང་འབྲེལ་བའི་རང་བྱུང་དགྲ་ཟླ་སྐྱེ་འཕེལ་ལ་ཕན་པའི་ཁོར་ཡུག་གཏོད་དགོས། ཇ་རའི་སྐྱེ་ཁམས་དོ་མཉམ་དང་སྐྱེ་དངོས་སྣ་མང་རང་བཞིན་སླར་གསོ་དང་རྒྱུན་འཁྱོངས་བྱས་ཏེ་གནོད་ལྡན་སྐྱེ་དངོས་དེ་ཆོག་འཐུས་ཀྱི་དཔལ་འབྱོར་མཚམས་ཐང་མན་དུ་ཚོད་འཛིན་བྱེད་དགོས།

一、生 态 调 控
གཅིག སྐྱེ་ཁམས་སྙོམས་སྒྲིག

1. 茶园间作遮阴树

茶树是喜温耐阴作物，喜湿润、喜漫射光。茶树与高大乔木类遮阴树间作，空间高低位差距大，可以扩充茶园立体生态位，使茶园形成多层次的生态系统，可降低光照强度，调节茶园温湿度，减少暴风雨、寒流侵袭及强光直射，增加漫射光，明显改善茶园生态环境和小气候；秋冬季落叶还能增加土壤有机质，促使茶树健康生长，提高茶叶品质（图6–1）。这一方式对幼龄茶园的效果更为显著。

1. ཇ་ར་སྲིལ་འདེབས་གྲིབ་འགེབས་སྡོང་པོ་

ཇ་སྡོང་ནི་དྲོད་ལ་དུངས་བའི་སྐྱེ་དངོས་ཤིག་ཡིན་པས། བརྟན་པར་དགའ་བ་དང་འོད་འཕྲོ་བ་ལའང་དགའ་བ་ཡིན། ཇ་སྡོང་དང་མཐོ་ཤིང་ཆེ་བའི་སྡོང་བྲུང་ལྗོན་ཤིང་གི་བར་གསེང་དུ་བར་ཐག་རིང་བས། ཇ་གླིང་གི་ལངས་གཟུགས་སྣོད་བཅུད་ཀྱི་བར་སྤོང་རྗེ་ཆེར་གཏོང་ཐུབ་ཅིང་། ཇ་གླིང་ལ་བང་རིམ་མང་བའི་སྣོད་བཅུད་མ་ལག་བསྐྲུན་པ་དང་། ཉི་འོད་ཕོག་ཚད་ཇེ་དམའ་རུ་གཏོང་ནས་ཇ་གླིང་གི་དྲོད་ཚད་སྙོམས་སྒྲིག་བྱེད་ཐུབ་ལ། ཚར་རླུང་དྲག་པོ་དང་གྲང་ངར། འོད་ཟེར་ཐད་འཕྲོ་སོགས་ཀྱི་གནོད་འཚེ་སེལ་ནས། ཇ་གླིང་གི་སྣོད་བཅུད་ཁོར་ཡུག་དང་གནམ་གཤིས་ལ་འགྱུར་ལྡོག་གཏོང་ནས། སྟོན་ཀ་དང་དགུན་དུས་སུ་ལོ་མ་དག་གིས་ས་རྒྱུའི་སྐྱེ་ལྡན་གྱི་ས་རྒྱུ་ཇེ་ལེགས་སུ་གཏོང་ཐུབ་ལ། ཇ་སྡོང་ལེགས་པར་སྐྱེ་འཕེལ་དང་ཇའི་སྤུས་ཚད་ཇེ་ལེགས་སུ་གཏོང་ཐུབ་ལ། （པར་རིས6-1）ལྷག་པར་དུ་ཇ་གླིང་གསར་བར་ཕན་འབྲས་དེ་བས་མངོན་གསལ་དོད་པོ་ཐོབ།

图6–1　西藏茶园遮阴乔木

པར་རིས6-1 བོད་ལྗོངས་ཇ་གླིང་གི་བསིལ་འགོག་སྡོང་པོ།

ལེགས་སུ་གཏོང་ཐུབ་ལ། ཇ་གླིང་གི་དྲོད་ཚད་དང་སའི་དྲོད་ཚད་ཇེ་དམའ། གཤེར་ཚད་ཇེ་མཐོ་དང་རླངས་གྱུར་ཇེ་ཉུང་སོགས་ཀྱི་སྣང་ཚུལ་འབྱུང་ལ། ཇ་གླིང་གི་གནམ་གཤིས་ཇེ་ལེགས་སུ་གཏོང་ཐུབ། (པར་རིས6-2) བར་དུ་བཏབ་པའི་སྲན་ཆེན་གྱི་སོག་མ་ཞིང་ནང་དུ་གཏོར་ན། ས་རྒྱུའི་འཚོ་བཅུད་ལེགས་བཅོས་བྱེད་ཐུབ་པས། ཇ་སྡོང་སྐྱེ་འཚར་ལ་སྐུལ་འདེད་ནུས་ལྡན་ཐེབས་པ་དང་། ཇའི་ཐོན་ཚད་འཕར་སྣོན་བྱེད་པ་དང་སྡོང་ཕྲུག་སྐྱེས་སྟོབས་ཆེ་རུ་གཏོང་པ། ཤིང་རྩི་སྐྱེད་སྲིང་བཅས་ལ་ཕན། དེ་མིན་ལྷུམ་རའི་ནང་གི་ཇ་ལོ་ཐོན་འབབ་ལའང་ཕན། དེ་མིན་ནད་འབུའི་གནོད་འཚེ་ཐོན་ཚད་ཇེ་ཉུང་དུ་གཏོང་བ་དང་རྩྭ་ལྷུམ་གྱི་སྐྱེ་འཚར་ལ་འགོག་རྐྱེན་བཟོ་ཐུབ།

图6–2　茶园间作绿肥

པར་རིས6-2 ཇ་གླིང་གི་སྔོ་ལུད།

3. 茶园铺草

茶树行间铺草覆盖具有多种功效，不仅能抑制杂草滋生，增加土壤微生物多样性，促进茶树生长，还有利于增加茶园节肢动物的种群数量和土壤中蚯蚓的种群数量，丰富茶园物种多样性，更能减少病虫害发生，如能显著抑制茶小绿叶蝉等害虫的滋生，进而提高茶叶品质和产量（图6–3）。

3. ཇ་གླིང་གི་རྩྭ་འདིང་།

ཇ་སྡོང་གི་གསེང་དུ་རྩྭ་འདིང་ཆེ་ཕན་ནུས་མང་པོ་ལྡན་ཞིང་། རྩྭ་ལྷུམ་སྐྱེ་རྒྱུ་འགོག་ཐུབ་པ་དང་། ས་རྒྱུའི་སྐྱེ་དངོས་ཕྲ་རབ་འདུས་ཚད་ཇེ་མང་དུ་གཏོང་ཐུབ། དེ་མིན་ཇ་སྡོང་སྐྱེ་འཚར་ལ་སྐུལ་འདེད་གཏོང་ཐུབ། གཞན་ཇ་གླིང་གི་སུག་ཚིགས་སྲོག་ཆགས་ཕྱུ་ཚོགས་ཀྱི་གྲངས་འབོར་དང་ས་རྒྱུའི་ཁྲོད་ཀྱི་ས་འབུ་ནག་རིང་ཕྱུ་ཚོགས་ཀྱི་གྲངས་འབོར་ཇེ་མང་དུ་འཕར་ནས། ཇ་གླིང་གི་དངོས་རིགས་སྣ་མང་ཅན་དུ་གཏོང་ཐུབ་པས། ནད་འབུའི་གནོད་འཚེའང་ཇེ་ཉུང་དུ་གཏོང་ཐུབ། མདོར་ན། གནོད་འབུའི་གྲངས་འབོར་མངོན་གསལ་

དོད་པོས་ཚོད་འཛིན་བྱས་ནས་ཇ་ལོ་སྲུས་ཚད་དང་ཐོན་ཚད་ཇེ་མཐོ་གཏོང་རྒྱུར་ཕན། (པར་རིས6-3)

图6-3　幼龄茶园铺草与大豆绿肥间作

པར་རིས6-3　སྔོང་ཐྲན་ལ་རྩྭ་འདིང་པ་དང་སྲན་ཆེན་སྔོ་ལུད།

二、预测预报技术

གཉིས།　ཉེན་བརྡ་སྔོན་བརྡའི་ལག་རྩལ།

在茶园内建立茶园病虫害监测预警系统，通过搭建、部署网络摄像头，利用多源卫星影像数据、反演植被指数，对茶田进行图像、视频监控，利用机器视觉等技术对茶叶生长趋势进行持续监测，构建以茶树病虫绿色防控体系为核心的绿色长效生产模式（图6–4）。依靠平台监测田间害虫数据，分析害虫的发生规律，结合当地的气象资料，应用数理统计分析等方法综合分析，对害虫发生趋势进行数字化预警，提前预测害虫的发生时间和发生量，可最大限度地减少害虫的为害和经济损失。

ཇ་གླིང་ནང་དུ་གནས་ཚུལ་ལྟ་ཞིབ་ཚད་ལེན་སྔོག་ཆས་བཙུགས་ཚེ། དྲ་རྒྱའི་བརྙན་ཤིག་བཀོད་སྒྲིག་བྱས་པ་བརྒྱུད་སྐྱེ་ཁུངས་མང་པོའི་སྐར་ཟླུར་གཟུགས་བརྙན་གྲངས་གཞི་སྤྱད་དེ་ཇ་གླིང་གི་སྐྱེ་འཚར་ལ་ལྟ་རྟོགས་བྱེད་ཚོག དེ་མིན་ཇ་གླིང་གི་པར་རིས་དང་བརྙན་ལམ་ལ་ལྟ་ཞིབ་ཚོད་འཛིན་བྱེད་

པ་བརྒྱུད་འཕྲུལ་ཆས་སོགས་ཀྱི་ལག་རྩལ་སྤྱད་དེ་ཇ་ལོའི་སྐྱེ་འཚར་གྱི་འཕེལ་ཕྱོགས་ལ་རྒྱུན་མཐུད་ལྟ་རྟོགས་ཚད་ལེན་བྱས་ནས། ཇ་སྡོང་གི་ནད་འབུ་ལྷང་མདོག་སྔོན་འགོག་ཆོད་འཛིན་མ་ལག་ལྟེ་བར་བྱེད་པའི་ལྷང་མདོག་སྔོན་འགོག་གི་ཐོན་སྐྱེད་བྱེད་སྟངས་ཤིག་བཏོད་ཆོག (པར་རིས6-4) ལས་སྟེགས་ལ་བརྟེན་ནས་ཇ་གླིང་གི་གནོད་འབུའི་གྲངས་གཞི་ལྟ་ཞིབ་ཚད་ལེན་དང་། གནོད་འབུའི་ཆོས་ཉིད་ལ་དཔྱེ་ཞིབ་བྱས་ཤིང་། ས་གནས་དེ་གའི་གནམ་གཤིས་དཔྱད་ཡིག་དང་ཟུང་འབྲེལ་བྱས་ནས། རྩིས་རིགས་བསྡོམས་རྩིས་དབྱེ་ཞིབ་སོགས་ཀྱི་བྱ་ཐབས་སྤྱད་དེ་ཕྱོགས་བསྡུས་དབྱེ་ཞིབ་བྱས་ཆོ། གནོད་འབུའི་གནས་ཚུལ་ཐོན་པར་གྲངས་གཞི་ཅན་གྱི་ཉེན་བརྡ་སྔོན་བརྡ་གཏོང་ཐུབ་ལ། གནོད་འབུའི་གནོད་འཚེ་བྱུང་བའི་དུས་ཚོད་དང་ཐོན་ཚད་ལ་སྔོན་དཔོག་བྱས་ཏེ། སྔོན་ལ་སྔོན་འགོག་བྱས་པ་བརྒྱུད། གནོད་འབུའི་གནོད་འཚེ་དང་དཔལ་འབྱོར་གྱོང་གུད་ཇི་དམའ་རུ་གཏོང་ཐུབ།

图6–4　西藏茶园病虫害监测预警系统

པར་རིས6-4　བོད་ལྗོངས་ནད་འབུའི་གནོད་འཚེ་ལྟ་ཞིབ་ཚད་ལེན་གྱི་ཉེན་བརྡ་སྔོན་བརྡའི་ལག་རྩལ།

三、生 物 防 治
གསུམ། སྐྱེ་དངོས་ཀྱི་འགོག་བཅོས།

生物防治是指利用其他生物来抑制或消灭有害生物的防治方法，主要包括以虫治虫、以菌治虫、以植物治虫，利用昆虫、微生物、植物的代谢产物，以及转基因技术等防治病虫害。

སྐྱེ་དངོས་འགོག་བཅོས་ནི་ཕན་ཡོད་སྐྱེ་དངོས་སམ་སྐྱེ་དངོས་གཞན་དག་བེད་སྤྱད་ནས་གནོད་ལྡན་སྐྱེ་དངོས་ཚོད་འཛིན་དང་རྩ་མེད་གཏོང་བའི་འགོག་བཅོས་བྱེད་ཐབས་ཤིག་ཡིན། བདེའི་ནང་གཙོ་བོ་ནི་འབུ་ཡིས་འབུ་གསོད་པ་དང་འབུ་སྲིན་གྱིས་འབུ་གསོད་པ། རྩི་ཤིང་གིས་འབུ་གསོ་བ་བཅས་ཡིན་ལ།དེ་མིན་འབུ་སྲིན་དང་སྐྱེ་དངོས་ཕྲ་རབ།རྩི་ཤིང་གི་རྙིང་ཚབ་གསར་བྱེད་ཀྱི་ཐོན་དངོས། གཞི་རྒྱུ་སྒྱུར་བའི་ལག་རྩལ་སོགས་སྤྱད་དེ་ནད་འབུའི་གནོད་འཚེ་འགོག་བཅོས་བྱེད་པ་ཡིན།

1. 保护和利用天敌

应用最为普遍的是利用天敌防治有害生物的方法。茶园能够用于生物防治的生物可分为两类：捕食性生物，包括蜘蛛、瓢虫、捕食性螨、蛙、猎蝽及许多食虫益鸟等；寄生性生物，包括寄生蜂、寄生蝇等。

研究表明，不同生态环境的茶园蜘蛛，其功能种群存在差异，生境管理较好的茶园，受到干扰较少，有利于蜘蛛个体聚集。经初步统计，我国茶园蜘蛛达28科290种，并发现蜘蛛新种30余种。从各地区调查的情况来看，茶园蜘蛛是茶园捕食性天敌中种群数量最多的一个类群，其发生量占捕食性天敌的65%以上（图6–5）。从各地试验结果可知，各种蜘蛛捕食多种害虫的多种虫态。茶小绿叶蝉是茶园的主要害虫之一，据调查，茶园蜘蛛对茶小绿叶蝉的控制作用在60%以上。

1. རང་བྱུང་དགྲ་ཟླ་སྲུང་སྐྱོབ་དང་བེད་སྤྱོད།

དགྲ་ཟླ་བེད་སྤྱད་ནས་གནོད་ལྡན་སྐྱེ་དངོས་འགོག་བཅོས་བྱེད་པའི་ཐབས་ཤེས་ནི་ཡོངས་ཁྱབ་ཆེ་བ་ཞིག་ཡིན། ཇ་སྡིང་ནི་སྐྱེ་དངོས་འགོག་བཅོས་ལ་བཀོལ་བའི་སྐྱེ་དངོས་ལ་རིགས་གཉིས་སུ་དབྱེ་

ཚོག་སྡེ། རིགས་ཅིག་ནི་གཟན་བཟུང་ཅན་ཡིན་ལ། དེའི་ནང་སྡོམ་དང་འབུ་སྐྱོགས་འབུ་མན་འབུ་རྫོན་པ།སྦལ་པ།རྫོན་ཁྲང་འབུ་ཟ་བྱའི་འདབ་ཆགས་མང་པོ་སོགས་ཚུད་ཡོད། དེའི་ཁོངས་སུ་སྡོམ་དང་འབུ་སྐྱོགས་སོགས་འདུས། རིགས་ཅིག་ནི་གཞན་བརྟེན་རང་བཞིན་གྱི་སྐྱེ་དངོས་ཡིན་ལ། འདི་ནང་དུ་གཞན་རྟེན་སྦྲང་མ་དང་གཞན་བརྟེན་སྦྲང་ནག་སོགས་ཚུད་ཡོད། ཞིབ་འཇུག་ལས་མངོན་པ་ལྟར་ན། སྟོད་བཅུད་ཁོར་ཡུག་མི་འདྲ་བའི་ཇ་ཞིང་གི་སྡོམ་ཚོགས་ལ་ཁྱད་པར་ཡོད་པ་དང་། ཇ་ཞིང་གི་ཁོར་ཡུག་དོ་དམ་ཅུང་ལེགས་པའི་ཇ་ཞིང་ལ་གནོད་རྐྱེན་ཅུང་ཉུང་བས། སྡོམ་གྱི་འཚོ་གནས་ལ་ཕན་པ་ཡོད། རང་རྒྱལ་ཇ་ཞིང་གི་སྡོམ་ལ་སྡེ་ཚན28དང་རིགས290ཡོད། དེ་མིན་སྡོམ་གསར་རིགས30ལྷག་རྙེད་འདུག ས་ཁུལ་སོ་སོར་བརྟག་དཔྱད་བྱས་པའི་གནས་ཚུལ་ལ་བལྟས་ན། ཇ་ཞིང་གི་སྡོམ་ནི་གཟན་བཟུང་རང་བཞིན་གྱི་དགྲ་ལྷ་ཁྲུ་ཚོགས་ལས་རིགས་ཚོགས་ཆེས་མང་བ་ཞིག་ཡིན་པ་དང་། དེ་ལས་བྱུང་བའི་གྲངས་ཚད་ཀྱིས་གཟན་བཟུང་རང་བཞིན་གྱི་རང་བྱུང་དགྲ་ལྷའི65%ཡན་ཟིན། (པར་རིས6-5) ས་གནས་སོ་སོར་ཚོད་ལྟ་བྱས་པ་ལྟར་ན། སྡོམ་སྣ་ཚོགས་ཀྱིས་གནོད་འབུའི་རྣམ་པ་སྣ་ཚོགས་ཟ་བཞིན་ཡོད་ལ། བརྟག་དཔྱད་བྱས་པ་ལྟར་ན། ལྗང་མདོག་འབུ་འཛིང་འཛིང་ནི་གནོད་འབུ་གཙོ་བོ་ཞིག་ཡིན་ལ། སྡོམ་གྱིས་འབུ་འཛིང་འཛིང་འདི་རིགས་60%ཚོད་འཛིན་བྱེད་ཐུབ།

图6-5　茶园蜘蛛

པར་རིས6-5 ཇ་ཞིང་གི་གནོད་འབུ་དགྲ་ལྷ་སྡོམ།

圆果大赤螨属于捕食性螨，是茶园益虫，同时也是寄生性害虫的天敌，具有较强的活动能力和捕食能力，主要捕食茶树害螨（茶橙瘿螨、茶叶瘿螨、红蜘蛛等）、蓟马、蚜虫、介壳虫及茶小绿叶蝉等害虫。西藏茶园可针对茶园害虫种类，释放圆果大赤螨，每隔5米放置1袋：固定在茶树中层枝杈处，能有效控制害虫数量。以晴天或多云天释放为宜。

寄生蜂类是以鳞翅目、半翅目、鞘翅目等昆虫为主要寄生对象的昆虫类群，这种蜂寄生在昆虫的幼虫、蛹和卵里，能够消灭被寄生的昆虫。研究发现，赤眼蜂对茶小卷叶蛾的防治效果显著，而茶翅蝽沟卵蜂可自然寄生于茶翅蝽卵中，自然寄生率为50%，可减少被寄生昆虫的数量（图6–6）。

གོར་གཟུགས་གཡན་འབུ་ཆེ་བ་ནི་གཟན་བཟུང་གཡན་འབུ་དང་ཇ་གླིང་གི་ཕན་འབུ་ཡིན། གཞན་བརྟེན་རང་བཞིན་གྱི་འབུ་སྲིན་གྱི་དགྲ་ལྷའང་ཡིན། འགྲུལ་སྐྱོད་ནུས་པ་དང་གཟན་བཟུང་ནུས་པ་ཤུགས་ཆེན་པོ་ལྡན། གཙོ་བོར་ཇ་སྡོང་གི་གནོད་པའི་གཡན་འབུ（ལི་མདོག་གཡན་འབུ་དང་ཇ་ལོ་གཡན་འབུ་སྡོམ་དམར་པོ།）ཅི་མ། འབུ་འཛིང་འཛིང་སོགས་ཀྱི་གནོད་འབུ་ཟ་བ་ཡིན། ཇ་གླིང་གི་གནོད་འབུ་ལ་དམིགས་ནས། གོར་གཟུགས་གཡན་འབུ་ཆེ་བ་དག་སྐྱི་5རེའི་མཚམས་སུ་ཁྱུག་མ་1རེ་འཇོག་དགོས་ལ། ཇ་སྡོང་གི་བར་དཀྱིལ་དང་ཡལ་གར་གཏན་འཁེལ་བྱས་ན། འབུ་སྲིན་གྱི་གྲངས་ཀ་ཚོད་འཛིན་ལེགས་པོ་བྱེད་ཐུབ། གནམ་དྭངས་དུས་དང་ཡང་ན་སྤྲིན་པ་མང་བའི་དུས་སུ་བཞག་ན་འཚམས།

གཞན་རྟེན་སྦྲང་རིགས་ནི་ཁྲབ་གཤོག་སྡེ་དང་གཤོག་འདྲ་སྡེ། གཤོག་སྲབ་ཅན་གྱི་གཞན་བརྟེན་འབུ་སྲིན་གཙོ་བོ་ཡིན། སྦྲང་མ་འདི་རིགས་ནི་གནོད་འབུའི་འབུ་ཕྲུག་དང་འབུ་སྒོང་བཅས་ཀྱི་ནང་དུ་གཞན་རྟེན་དུ་འཚོ་ཞིང་། གཞན་བརྟེན་འབུ་སྲིན་གསོད་ཐུབ། ཞིབ་འཇུག་བྱས་པ་ལྟར་ན། སྦྲང་མ་དམར་པོས་ཇ་ལོ་སྒྲིལ་འབུ་འགོག་བཅོས་ལ་ཕན་འབྲས་མངོན་གསལ་ལྡན་ཞིང་། ཁྲབ་གཤོག་ཅན་གྱི་སྒོ་ང་ནང་དུ་འཚོ་ཐུབ་ལ། རང་བྱུང་གཞན་བརྟེན་གྱི་ཚད་ནི་50%ཡིན་པས། གཞན་བརྟེན་འབུ་སྲིན་གྱི་གྲངས་ཀ་ཇེ་ཉུང་དུ་གཏོང་ཐུབ།（པར་རིས6-6）

图6–6 寄生蜂
པར་རིས6-6 དགྲ་ལྷ་གཞན་བརྟེན་སྦྲང་མ།

鞘翅目瓢虫科的红点唇瓢虫是茶园益虫，其成虫和幼虫的觅食能力都很强，对长白蚧、椰圆蚧、日本蜡蚧及蚜虫、叶蝉有较强的捕食能力。此外，猎蝽、胡蜂、寄生蝇、食蚜蝇、蚂蚁及蛙类、鸟类等其他食虫动物在茶树害虫的生物防治中也发挥着重要作用（图6–7至图6–10）。如针对灰茶尺蠖等幼虫，可释放黑盾胡蜂：以每亩5～10窝放置于高出茶棚40厘米处，能够有效减少灰茶尺蠖的数量。

གཞོག་སྲབ་འབུ་སྐྱོགས་སྡེ་ཚན་གྱི་མཆུ་དམར་འབུ་སྐྱོགས་ནི་ཇ་ཞིང་གི་ཕན་འབུ་ཡིན་ལ། དེའི་དར་འབུ་དང་འབུ་ཕྲུག་གི་གཟན་འཚོལ་ནུས་པ་ཤིན་ཏུ་ཆེ་སྟེ། འཇར་པན་གྱི་སྦྲ་ཚོལ་འབུ་དང་འབུ་འཛིང་འཛིང་སོགས་འཚོལ་བའི་ནུས་པ་ཅུང་ཆེན་པོ་ལྡན། དེ་མིན་དུག་སྦྲང་དང་གཞན་བརྟེན་སྦྲང་མ། བྱའི་རིགས། སྦལ་རིགས། གཡན་འབུ་རིགས། གྲོག་མ་སོགས་གཟན་བཟུང་སྲོག་ཆགས་གཞན་དག་གིས་ཇ་སྡོང་གི་གནོད་འབུའི་སྐྱེ་དངོས་འགོག་བཅོས་ཁྲོད་དུའང་ནུས་པ་གལ་ཆེན་ཐོན་བཞིན་ཡོད།（པར་རིས6-7ནས་པར་རིས6-10） དཔེར་ན། སྐྱ་མདོག་གཡན་འབུ་སོགས་ཀྱི་འབུ་ཕྲུག་ལ་ཕྱུབ་ནག་སྦྲང་མ་གཏོང་ཆོག་ལ། 5～10སྦུབ/ཚང་འཛོག་པ་དང་། གནས་ནི་ཇ་ཁང་ལས་ལི་སྨི་40ལས་མཐོ་སར་བཞག་ན། སྐྱ་མདོག་གཡན་འབུའི་གྲངས་ཀ་ཇེ་ཉུང་དུ་གཏོང་ཐུབ།

图6–7　瓢虫

པར་རིས6-7 དགྲ་ཟླ་འབུ་སྐྱོགས།

图6–8　寄生蝇

པར་རིས6-8 དགྲ་ཟླ་གཞན་རྟེན་སྦྲང་མ།

图6–9　鸟类

པར་རིས6-9 དགྲ་ཟླ་བྱ་རིགས།

图6–10　胡蜂

པར་རིས6-10 དགྲ་ཟླ་སྦྲང་སེར།

2. 植物源农药

植物源农药指利用植物所含稳定的有效成分，按一定的方法给受体植物使用后，使其免遭病、虫、杂草等为害的植物源制剂。植物源农药对害虫有引诱、忌避、毒杀或麻醉作用，可干扰害虫的正常行为和生长发育；对病原菌则通过抑制其孢子萌发、菌丝生长，从而抑制病原菌的合成与侵染。目前用于茶树病虫害防治的植物源农药主要有鱼藤酮、苦参碱、烟碱、除虫菊素、印楝素等，主要用于防治鳞翅目幼虫、蚧类害虫、叶蝉类害虫。

2. ༢ སྐྱེ་དངོས་ཞིང་སྨན།

སྐྱེ་དངོས་ཞིང་སྨན་ནི་རྩི་ཤིང་ནང་དུ་འདུས་པའི་བརྟན་ཞིང་བརླིང་བའི་ཕན་ནུས་ཀྱི་གྲུབ་ཆ་བཀོལ་སྤྱོད་བྱས་ནས། བྱ་ཐབས་ངེས་ཅན་ཞིག་གི་ཐོག་ནས་སྐྱེ་དངོས་རྩི་ཤིང་བེད་སྤྱོད་བྱས་པའི་རྗེས། དེར་གནོད་འབུ་དང་རྩྭ་ལྷུམ་སོགས་གནོད་ལྡན་སྐྱེ་དངོས་ཀྱི་གནོད་འཚེ་མི་ཐོག་པར་བྱེད་པའི་སྐྱེ་དངོས་སྨན་རྫས་ལ་ཟེར། སྐྱེ་དངོས་ཞིང་སྨན་གྱིས་འབུ་སྲིན་ལ་ཐེབས་པ་ནི་བསླུ་བྲིད་དང་དོགས་སྐྱོང་། དུག་གསོད་པའམ་སྤྲིད་པར་བྱེད་པ་བཅས་ཡིན་ལ། འབུ་སྲིན་གྱི་རྒྱུན་ལྡན་བྱ་སྤྱོད་དང་འཚར་སྐྱེ་ལ་བར་ཆད་བཟོ་བ་ཡིན། དེ་མིན་ནད་གཞི་སྲིན་གྱི་འཕེལ་ཕུང་དང་སྲིན་སྐུད་སྐྱེ་འཚར་ཚོད་འཛིན་བྱས་པ་བརྒྱུད་ནད་གཞི་སྲིན་གྱི་འདྲེས་གྲུབ་དང་འགོས་པར་བཀག་འགོག་བྱས་པ་ཡིན། མིག་སྔར་ནད་འབུའི་གནོད་པ་འགོག་བཅོས་བྱེད་པའི་སྐྱེ་དངོས་ཞིང་སྨན་ལ་ཉ་སྨ་ཐུང་དང་ཁུའུ་ཧྲིན་བུལ་ཏོག་དུ་བའི་བུལ་ཏོག འབུ་འདེད་ལུག་མིག་རྒྱ། དབྱིན་ལེན་རྒྱ་སོགས་ཡོད་ལ། འདི་དག་གིས་གཙོ་བོར་སྒྲབ་གཤོག་ཅན་གྱི་འབུ་སྐྱོགས་དང་གཡན་འབུ། འབུ་འཇིང་འཇིང་བཅས་ལ་སྔོན་འགོག་བྱེད་ཆེད་ཡིན།

3. 微生物及其制剂

微生物制剂是指以细菌（苏云金芽孢杆菌、日本金龟子芽孢杆菌、球形芽孢杆菌、缓病芽孢杆菌）、真菌（白僵菌、绿僵菌、木霉菌、拟青霉菌）、病毒（核型多角体病毒）和原生动物或经基因修饰的微生物活体为有效成分，防治病、虫、草、鼠等的生物源农药，主要包括以菌治虫、以菌治菌、以菌除草等。

苏云金芽孢杆菌制剂应用广泛，对鳞翅目害虫的防治具有比较理想的效果。藤黄微球菌制剂对茶云纹叶枯病有很好的拮抗作用。

枯草芽孢杆菌制剂可以有效控制茶叶炭疽病菌。短稳杆菌制剂可防治灰茶尺蠖、茶毛虫等鳞翅目害虫。

白僵菌制剂应用于防治茶小绿叶蝉、灰茶尺蠖、茶丽纹象甲、茶长卷叶蛾等害虫，对瓢虫、食蚜蝇等天敌无不良影响。在相对湿度较大的春、秋季节可选用白僵菌制剂防治茶小绿叶蝉和茶角胸叶甲；选用撒施白僵菌菌土防治茶角胸叶甲越冬幼虫及蛹，可结合追肥浅耕进行（白僵菌施用量为1.5～2.5千克/亩，浅耕深度为5～10厘米）。此外，白僵菌也能防治灰茶尺蠖幼虫（图6-11）、茶丽纹象甲幼虫。

3. སྐྱེ་དངོས་ཕྲ་རབ་སྨན་རྫས།

སྐྱེ་དངོས་ཕྲ་རབ་སྨན་རྫས་ནི་ཕྲ་སྲིན་དང་（སྲུའོ་ཡུན་ཅིན་ཐུམ་སྨུག་ནར་སྲིན་དང་འཇར་པན་ཅིན་ཀུའེ་ཙི་སྨུག་ཐུམ་ནར་སྲིན། ལྷང་དབྱིབས་ཐུམ་སྨུག་ནར་སྲིན། དཔལ་ནད་ཐུམ་སྨུག་ནར་སྲིན།）སྨར་སྲིན།（དཀར་རེངས་སྲིན་དང་ལྗང་རེངས་སྲིན། ཞིང་ཏུལ་སྲིན། སྔོ་རེངས་སྲིན།）ནད་དུག（ཉིང་མང་རྣ་གཟུགས་དུག་སྲིན།）གནོད་སྐྱེས་སྲོག་ཆགས་སམ་ཡང་ན་གཞི་རྒྱུ་བརྒྱུད་ནས་འཕེལ་བའི་སྐྱེ་དངོས་ཕྲ་རབ་སོགས་ཕན་འབྲས་ལྡན་པའི་སྐྱེ་དངོས་ཕྲ་རབ་ལ་ཟེར། འདི་དག་གིས་གནོད་འབུ་དང་རྩྭ་ལྷམ། བྱི་གནོད་སོགས་ཀྱི་གནོད་འཚེ་སེལ་ཐུབ་ལ། གཙོ་བོར་སྲིན་གྱིས་འབུ་གསོད་དང་སྲིན་གྱིས་སྲིན་གསོད། སྲིན་གྱིས་རྩྭ་གསོད་པ་ཡིན།

སྲུའོ་ཡུན་ཅིན་ཐུམ་སྨུག་ནར་སྲིན་གྱི་སྨན་རྫས་བེད་སྤྱོད་ཁྱབ་ཆེ་ཞིང་། གཙོ་བོ་ཁྲབ་གཤོག་གྱི་གནོད་འབུ་འགོག་བཅོས་བྱེད་པར་ཙུང་ལེགས་པའི་ཕན་འབྲས་ལྡན། སྦྲ་སེར་རིལ་ཕྲན་ཕྲ་སྲིན་གྱིས་ཇ་ལོ་སྲིན་རིས་ཅན་གྱི་གནོད་སྐྱོན་ལ་འགོག་རྒོལ་གྱི་ནུས་པ་ལེགས་པོ་ཡོད། རྩྭ་སྐམ་གྱི་སྨུག་ཐུམ་ནར་སྲིན་གྱིས་ཇ་ལོ་ནག་འགྱུར་གྱི་ནད་སྲིན་ལ་ཕན་པ་ཡོད། ཐུང་བརྟན་ནར་སྲིན་རམ་སྲུའོ་ཡུན་ཅིན་ནར་སྲིན་གྱིས་སྐྱ་མདོག་འབུ་སྐྱོགས་སོགས་གཤོག་ཁྲབ་ཅན་གྱི་གནོད་འབུ་འགོག་བཅོས་བྱེད་པར་ཕན།

དཀར་རེངས་སྲིན་སྨན་རྫས་ནི་འབུ་འཛིང་འཛིང་དང་འབུ་མེ་ལྕེབ་སོགས་ཀྱི་གནོད་འབུ་འགོག་བཅོས་བྱེད་པར་སྤྱོད་པ་ལས། འབུ་སྐྱོགས་དང་གཟན་བཟུང་སྦྲང་མ་སོགས་རང་བྱུང་དགྲ་ཟླ་ལ་གནོད་སྐྱོན་མེད། ལྟོས་བཅས་ཀྱི་བརླན་བཤེར་ཙུང་ཆེ་བའི་དཔྱིད་སྟོན་དུས་ཚིགས་སུ་དཀར་རེངས་སྲིན་སྨན་རྫས་ཀྱིས་འབུ་འཛིང་འཛིང་དང་བྲང་ཁྲབ་འབུ་སྐྱོགས་སོགས་ཀྱི་གནོད་འབུ་འགོག་བཅོས་ལ་བཀོལ་ན་ཆོག དཀར་རེངས་སྲིན་རྫས་ས་ལ་གཏོར་ནས་བྲང་ཁྲབ་འབུ་སྐྱོགས་ཀྱི་དགུན་སྒྲོལ་འབུ་ཕྲུག་དང་འབུ་ཐུམ་སྐྱེ་འཕེལ་བྱེད་པར་འགོག་བཅོས་བྱ་དགོས། དེ་མིན་རྫོ་འདེབས་གཏིང་ཐུང་དང་ཟུང

འབྲེལ་བྱེད་དགོས། (དཀར་རེངས་སྲིན་གྱི་སྤྱོད་ཚད།1.5～2.5སྟོང་ཁེ/མུའུ་རྫས་འདེབས་གཉིད་ཚད་ལི་སྲི5～10 ཡིན།) དེ་མིན། དཀར་རེངས་སྲིན་གྱིས་གཞོགས་ཁྲབ་རིགས་ཀྱི་འབུ་ཕྲུག་ཀྱང་འགོག་བཅོས་བྱེད་ཐུབ། (པར་རིས6-11) ཇ་ལོའི་སྐྱང་རིས་ཁྲབ་འབུའི་འབུ་ཕྲུག་དང་འབུ་དར་མ་ཡིན།

图6–11　灰茶尺蠖幼虫感染白僵菌
པར་རིས6-11　ཇ་སྐྱ་འབུ་འབུ་འགོས་པའི་དཀར་རེངས་སྲིན་

4. 昆虫信息素及昆虫生长调节剂

昆虫信息素是昆虫分泌的能引诱同种异性个体的微量化学物质，具有针对性强、灵敏度高、安全无毒、不杀天敌、无污染等特点，且价格低廉、操作简单、绿色环保。昆虫生长调节剂通过胃毒或触杀方式作用，即通过影响昆虫蜕皮变态、卵的孵化和成虫的羽化或使虫体畸形来发挥杀虫作用，具有活性高、毒性低、残留少、有明显选择性等优点。因此昆虫信息素及昆虫生长调节剂适合在有机茶园推广使用，给茶叶安全提供更有力的保障。

目前，茶园中已经成功使用的昆虫信息素主要有茶毛虫性信息素、茶长卷叶蛾性信息素、茶细蛾性信息素、灰茶尺蠖性信息素、茶蚕性信息素（图6–12）。研究发现，利用性诱剂诱捕茶小绿叶蝉成虫的数量多于黄绿色粘虫板。此类茶小绿叶蝉行为调控剂不仅使当代叶蝉的虫口密度下降，还可使后代叶蝉的发生量显著减少。

4. འབུ་སྲིན་གྱི་བརྡ་འཕྲིན་རྒྱུ་དང་འབུ་སྲིན་སྐྱེ་འཚར་སྙོམས་སྒྲིག་བྱེད་རྫས།

འབུ་སྲིན་གྱི་བརྡ་འཕྲིན་རྒྱུ་ནི་འབུ་སྲིན་གྱི་ཟགས་ཐོན་རྫས་ལས་རིགས་མི་འདྲ་བའི་རྫས་འགྱུར་དངོས་རྫས་ཕྲན་བུ་སློང་སྲིད་ལ། དེར་དམིགས་གཏད་རང་བཞིན་ཆེ་བ་དང་སྐྱེན་ཚད་མཐོ་བ། བདེ་འཇགས་དུག་མེད། རང་བྱུང་དགྲ་ལྷ་མི་གསོད་པ། སྣུགས་བཙོག་མེད་པ་སོགས་ཀྱི་ཁྱད་ཆོས་ལྡན་པར་མ་ཟད། རིན་གོང་དམའ་བ་དང་བཀོལ་སྤྱོད་སླ་བ། ལྡང་མདོག་ཁོར་ཡུག་སྲུང་སྐྱོང་བྱེད་པ་བཅས་ཡིན། འབུ་སྲིན་སྐྱེ་འཚར་སྙོམས་སྒྲིག་བྱེད་རྫས་ནི་ཕོ་བའི་དུག་དང་རེག་གསོད་ཀྱི་རྣམ་པ་བརྒྱུད་དེ། འབུ་སྲིན་གྱི་དབྱིབས་འགྱུར་དང་སྒོ་ང་རུལ་འདུས། འབུ་དར་མར་འགྱུར་བའམ་འབུ་གཟུགས་ཡ་མ་གཟུགས་སུ་འགྱུར་བ་བཅས་ལ་ཤུགས་རྐྱེན་ཐེབས་ནས་འབུ་གསོད་པ་ཡིན། དེར་གྲུང་གཤིས་མཐོ་བ་དང་དུག་ཤེད་ཆུང་བ། འགྲོ་ལུས་ཉུང་བ། མངོན་གསལ་གྱི་གདམ་གསེས་རང་བཞིན་ཡོད་པ་སོགས་ཀྱི་དགེ་མཚན་ལྡན། དེར་བརྟེན། འབུ་སྲིན་གྱི་བརྡ་འཕྲིན་རྒྱུ་དང་འབུ་སྲིན་སྐྱེ་འཚར་སྙོམས་སྒྲིག་བྱེད་རྫས་དེ་སྐྱེ་ལྡན་ཇ་གླིང་དུ་ཁྱབ་གདལ་བེད་སྤྱོད་བྱས་ན་འཚམ་ལ། ཇ་ལོའི་བདེ་འཇགས་ལ་སྔར་ལས་ལྷག་པའི་ནུས་ལྡན་གྱི་འགན་སྲུང་འདོན་སྤྲོད་བྱེད་ཐུབ།

མིག་སྔར་ཇ་གླིང་ནང་དུ་ལེགས་པར་སྤྱད་པའི་འབུ་སྲིན་གྱི་བརྡ་འཕྲིན་རྒྱུ་གཙོ་བོ་ནི་སྤུ་འབུ་ཅན་གྱི་བརྡ་འཕྲིན་རྒྱུ་དང་ཇ་ལོའི་འབུ་མེ་ལྕེབ་ཅན་གྱི་བརྡ་འཕྲིན་རྒྱུ། ཇ་ལོའི་འབུ་མེ་ལྕེབ་ཕྲ་ཅན་གྱི་བརྡ་འཕྲིན་རྒྱུ། ཇ་ལོའི་སྲིན་འབུ་རང་བཞིན་གྱི་བརྡ་འཕྲིན་རྒྱུ། ཇ་ལོའི་དར་འབུ་རང་བཞིན་གྱི་བརྡ་འཕྲིན་རྒྱུ་སོགས་ཡོད།（པར་རིས6-12） ཞིབ་འཇུག་ལས་ཤེས་རྟོགས་བྱུང་བ་ལྟར་ན། སྨན་འདི་རིགས་ཀྱིས་ཇ་ལོའི་འབུ་འཛིང་འཛིང་ཚོད་འཛིན་བྱེད་ཐུབ་པ་དང་། ད་དུང་འབུ་ཕྲུག་རིགས་ཀྱང་མངོན་གསལ་གྱིས་ཇེ་ཉུང་གཏོང་ཐུབ།

图6-12　应用性信息素诱杀技术防治虫害
པར་རིས6-12 བཀོལ་སྤྱོད་རང་བཞིན་གྱི་བརྡ་འཕྲིན་རྒྱུ་ལས་གནོད་འབུ་གསོད་པ།

四、物 理 防 治
བཞི་པ། དངོས་ལུགས་འགོག་བཅོས།

物理防治是一种清洁、安全、有效的植物保护手段。在生态茶园建设中，物理防治是重要的防治手段，尤其在高级生态茶园或有机茶园的害虫防治上发挥着重要作用。目前推广应用最多的是天敌友好型杀虫灯和天敌友好型色板。

天敌友好型杀虫灯是指利用成虫的趋光性诱杀茶园害虫，对茶树害虫有很好的防治效果。目前常用的天敌友好型杀虫灯是太阳能频振杀虫灯，一般在成虫发生始峰期开灯，主要诱杀茶尺蠖、茶毛虫等鳞翅目害虫的成虫，可有效降低下一代虫口数。

天敌友好型色板是指利用不同种类昆虫视觉能力的差异性，改变基板的颜色设计，减少非目标昆虫和天敌昆虫的诱集数量。利用害虫的趋色性，在春季成虫发生期，以每亩25张的密度，诱杀黑刺粉虱和茶蚜等害虫，效果十分显著。

དངོས་ལུགས་འགོག་བཅོས་ནི་དྭངས་གཙང་དང་བདེ་འཇགས། ནུས་ལྡན་བཅས་ཀྱི་སྐྱེ་དངོས་སྲུང་སྐྱོབ་བྱེད་ཐབས་ཤིག་ཡིན། སྣོད་བཅུད་ཇ་གླིང་འཛུགས་སྐྲུན་གྱི་ཁྲོད། དངོས་ལུགས་འགོག་བཅོས་ནི་འགོག་བཅོས་ཀྱི་བྱ་ཐབས་གལ་ཆེན་ཞིག་ཡིན་པ་དང་། ལྷག་པར་དུ་མཐོ་རིམ་སྣོད་བཅུད་ཇ་གླིང་ངམ་སྐྱེ་ལྡན་ཇ་གླིང་གི་གནོད་འབུ་འགོག་བཅོས་ཐད་ནུས་པ་གལ་ཆེན་འདོན་སྤེལ་བྱེད་ཀྱི་ཡོད། མིག་སྔར་ཁྱབ་གདལ་དུ་བཀོལ་སྤྱོད་ཆེ་བ་ནི་དགྲ་ཟླ་མཛའ་མཐུན་ཅན་གྱི་འབུ་གསོད་གློག་སྒྲོན་དང་དགྲ་ཟླ་མཛའ་མཐུན་ཅན་གྱི་མདོག་པང་ཡིན།

དགྲ་ཟླ་མཛའ་མཐུན་ཅན་གྱི་འབུ་གསོད་གློག་སྒྲོན་ཞེས་པ་ནི་འབུ་དར་མར་འོད་ཀྱིས་བསླུས་ནས་གནོད་འབུ་གསོད་པ་དང་། ཇ་སྡོང་གི་གནོད་འབུ་འགོག་བཅོས་ལ་ཕན་འབྲས་ལེགས་པོ་ཐོན་ཐུབ། མིག་སྔར་རྒྱུན་དུ་སྤྱོད་པ་ནི་ཉི་ནུས་གློག་འདར་འབུ་གསོད་གློག་སྒྲོན་ཡིན་ཞིང་། འབུ་དར་མ་ཤིན་ཏུ་དར་བའི་དུས་གློག་སྒྲོན་བཀར་ནས། གཙོ་བོར་ཇ་ལོའི་སྦུ་འབུ་སོགས་ཁྲབ་གཤོག་གནོད་འབུ་དར་མ་གསོད་པ་ཡིན་ལ། རབས་རྗེས་མའི་འབུ་གྲངས་ཇེ་ཉུང་དུ་གཏོང་པར་ནུས་པ་ཐོན་ཐུབ།

རང་བྱུང་དགྲ་བོའི་མཛའ་མཐུན་ཅན་གྱི་མདོག་པང་འབུ་སྲིན་རིགས་མི་འདྲ་བའི་མཐོང་ཚོར་ནུས་པ་འདྲ་ཁྱད་རང་བཞིན་ལ་གཞིགས་ནས། གཞི་པང་གི་ཁ་དོག་བསྒྱུར་ཏེ་དམིགས་འབེན་མ་ཡིན་པའི་འབུ་སྲིན་དང་དགྲ་ཟླ་ཇེ་ཉུང་དུ་བཏང་བའི་གྲངས་ཀ་ལ་ཟེར། གནོད་འབུའི་ཁ་མདོག་ཞེན་པའི་རང་བཞིན་བེད་སྤྱད་དེ། དཔྱིད་ཀྱི་འབུ་དར་མ་བྱུང་བའི་དུས་སུ། སྡུག་ཚད25རེ/མུའུ་བཀོལ་ནས། དུག་ཚེར་ནག་ཤིག་དང་ཇ་ལོ་གནོད་འབུ་སོགས་བསླུས་གསོད་བྱེད་ལ། ཕན་འབྲས་ཀྱང་ཧ་ཅང་མངོན་གསལ་ཡིན།

1. 天敌友好型杀虫灯的应用

天敌友好型杀虫灯是针对茶园主要害虫的LED诱虫光源，诱虫光源的发光光谱集中在茶树主要害虫的趋光光谱范围，避开了茶园优势天敌的趋光光谱（图6–13）。LED发光材料高效节能、寿命较长，且对环境无污染。杀虫灯引诱精确度高，能够显著降低天敌昆虫的诱捕量，保护茶园生态平衡，在茶园安装密度为每25亩1盏。

1. དགྲ་ལྷ་མཛའ་མཐུན་ཅན་གྱི་འབུ་གསོད་གློག་སྒྲོན་བཀོལ་སྤྱོད།

དགྲ་ལྷ་མཛའ་གྲོགས་ཅན་གྱི་LEDའབུ་གསོད་གློག་སྒྲོན་ནི་ཇ་གླིང་གི་གནོད་འབུ་གཙོ་བོར་དམིགས་པའི་LEDགློག་སྒྲོན་ཡིན་པ་དང་། འབུ་འགུག་འོད་ཀྱི་འོད་འཕྲོའི་འོད་ཤལ་དེ་ཇ་ལོའི་གནོད་འབུ་གཙོ་བོའི་འོད་འཕྲོའི་འོད་ཤལ་ཁྱབ་ཁོངས་སུ་གཅིག་སྒྱུར་བྱས་ཡོད་པས། ཇ་གླིང་གི་ཕན་འབུ་འོད་ལ་ཕྱོགས་པའི་འོད་ཤལ་མེད་བཟོས་ཡོད། (པར་རིས6-13) LEDཡི་འོད་འཕྲོའི་རྒྱུ་ཆ་ཕན་འབྲས་མཐོ་ལ་ནུས་རྒྱུ་གྲོན་ཆུང་དང་སྤྱོད་ཡུན་རིང་བས་ཁོར་ཡུག་ལ་སྙགས་བཙོག་མི་ཐེབས། འབུ་གསོད་གློག་སྒྲོན་གྱིས་བསྣུ་ཐིད་བྱེད་ཚད་མཐོ་ཞིང་།དགྲ་ལྷ་འབུ་སྲིན་གྱིས་བསླུས་པའི་གྲངས་ཚད་མངོན་གསལ་དོད་པོས་ཇེ་ཆུང་དུ་བཏང་ནས་ཇ་གླིང་གི་སྣོད་བཅུད་དོ་སྙོམས་ལ་སྲུང་སྐྱོང་བྱེད་ཐུབ་སྟེ། ཇ་གླིང་དུ་1རེ/25མུའུ་སྒྲིག་སྦྱོར་བྱས་ན་ཆོག

图6-13　天敌友好型杀虫灯
པར་རིས6-13　དགྲ་ལྷ་མཛའ་མཐུན་ཅན་གྱི་འབུ་གསོད་གློག་སྒྲོན།

2. 天敌友好型色板的应用

利用害虫对不同颜色的喜好设计不同颜色的色板对害虫进行诱杀，可以有针对性地降低茶园虫害。粘虫板是茶园中常见的针对茶小绿叶蝉的防治工具，天敌友好型色板改进了传统粘虫板基板的设计方案和制作技术，在诱杀叶蝉的同时可以有效减少非目标害虫和天敌昆虫的诱杀量，并且可自然降解（图6–14）。与现有的传统粘虫板相比，天敌友好型色板对叶蝉的诱杀量提高了22%，对天敌昆虫的诱杀量降低了30%。此外，天敌友好型色板诱杀茶角胸叶甲成虫效果明显。天敌友好型色板的降解期为6～12个月，诱杀第一代成虫后，幼虫虫口减退率达20%。

物理防治还有人工捕杀或使用吸虫器（机）等手段，在茶毛虫、茶蚕、蓑蛾、茶丽纹象甲等害虫为害较明显的时候可通过人工捕杀减少为害，使用吸虫器（机）捕杀茶小绿叶蝉等小型害虫。

2. དགྲ་ལྷ་མཛའ་མཐུན་ཅན་གྱི་མདོག་པང་བཀོལ་སྤྱོད།

ཁ་དོག་མི་འདྲ་བའི་པང་ལེབ་རྟུས་འགོད་བྱས་ནས་གནོད་འབུ་བསྡུས་གསོད་བྱེད་པ་དང་། ཇ་ཞིང་གནོད་འབུ་ཇེ་ཉུང་དུ་གཏོང་ཐུབ། འབྱར་འབུ་པང་ལེབ་ནི་ཇ་ཞིང་གི་འབུ་འཛིང་འཛིང་ཆུང་ཆུང་ལ་ལྟ་ཞིབ་ཚད་ལེན་དང་འགོག་བཅོས་བྱེད་ཐབས་ཤིག་ཡིན་ཞིང་། དགྲ་ལྷ་མཛའ་མཐུན་ཅན་གྱི་མདོག་པང་རྟུས་འགོད་དང་བཟོ་སྐྲུན་ལག་རྩལ་ལེགས་སུ་བཏང་བ་མ་ཟད། དགྲ་ལྷ་མིན་པའི་འབུ་སྲིན་གྱི་བསྡུས་གསོད་ཇེ་ཉུང་དུ་གཏོང་ཐུབ་པ་མ་ཟད། རང་འགྲུལ་ངང་ཚད་ཇེ་དམའ་རུ་གཏོང་ཐུབ།（པར་རིས6-14）ད་ལྟ་ཡོད་པའི་འབུ་འབྱར་པང་ལེབ་དང་བསྡུར་ན། དགྲ་ལྷ་མཛའ་མཐུན་ཅན་གྱི་མདོག་པང་གིས་གཞོག་ཁྲབ་འབུ་འཛིང་འཛིང་བསྡུས་གསོད་བྱས་པའི་གྲངས་ཚད་22%ཇེ་མཐོ་རུ་གཏོང་པ་དང་། རང་བྱུང་དགྲ་ལྷ་བསྡུས་གསོད་བྱས་ཚད་30%ཇེ་ཉུང་དུ་གཏོང་ཐུབ། དེ་མིན། དགྲ་ལྷ་མཛའ་མཐུན་ཅན་གྱི་མདོག་པང་གིས་ཇ་ལོའི་བྲང་ཟུར་དར་འབུ་བསྡུས་ནས་གསོད་པར་ཕན་འབྲས་མངོན་གསལ་ཐོན་ཡོད། དགྲ་ལྷ་མཛའ་མཐུན་ཅན་གྱི་མདོག་པང་གི་འཞིབ་འབྱེད་བྱེད་ཡུན་ཟླ་6～12ཡིན་ལ། འབུ་དར་མ་རབས་དང་པོ་བསྡུས་ནས་བསད་རྗེས། འབུ་ཕྲུག20%ཇེ་ཉུང་དུ་འགྲོ་སྲིད།

དངོས་ལུགས་འགོག་བཅོས་ལ་ད་དུང་མི་ཐབས་ལ་བརྟེན་ནས་འབུ་གསོད་པའམ་འཇིབ་འབུ་ཆས་（འཕྲུལ་འཁོར）སྤྱོད་པ་སོགས་ཀྱི་བྱེད་ཐབས་ཡོད། ཇ་ལོའི་སྤུ་འབུ་དང་ཇ་ལོའི་འབུ་མེ་ལྕིབ་སོགས་ཀྱི་གནོད་འཚེ་མངོན་གསལ་དོད་པའི་དུས་སུ་མི་ཐབས་ལ་བརྟེན་ནས་གསོད་པ་དང་གནོད་འཚེ་ཇེ་ཆུང་དུ་གཏོང་དགོས་ལ། འཇིབ་འབུ་ཆས（འཕྲུལ་འཁོར）སྤྱད་ནས་གནོད་འབུ་ཆུང་གྲས་སོགས་བསྡུ་རུབ་བྱེད་དགོས།

图6–14　天敌友好型色板

པར་རིས6-14 དགྲ་ལྷ་མཛའ་མཐུན་ཅན་གྱི་མདོག་པང་འགོག་བཅོས།

五、科 学 用 药

ལྔ། ཚན་རིག་དང་མཐུན་པའི་སྨན་རྫས།

茶园科学用药是对暴发性病虫害进行有效控制的必要措施。在茶树病虫害严重且运用生物、农业手段防控不能有效控制时，结合生产实际可采取化学防治。但要选用符合国家标准，高效率，低残余，对茶叶及天敌安全、无影响，可在无公害茶园使用的药剂，并合理用药，严格遵守采茶安全间隔期。施用时选用恰当的浓度、用量和用药频次，宜使用低容量喷雾，一般茶树蓬面害虫实行蓬面扫喷；茶丛中下部害虫提倡使用侧位低容量喷雾。

ཇ་གླིང་ལ་ཚན་རིག་དང་མཐུན་པའི་སྨན་སྤྱོད་པ་ནི་ཐོལ་བྱུང་རང་བཞིན་གྱི་ནད་འབུའི་གནོད་འཚེ་དེ་ནུས་ལྡན་ངང་ཚོད་འཛིན་བྱེད་པའི་དགོས་ངེས་ཀྱི་བྱ་ཐབས་ཤིག་རེད། ཇ་སྡོང་གི་ནད་འབུའི་གནོད་པ་ཚབས་ཆེན་ཡིན་པ་མ་ཟད། སྐྱི་དངོས་དང་ཞིང་སྨན་གྱི་སྔོན་འགོག་སོགས་ཀྱིས་ཚོད་འཛིན་བྱེད་མི་ཐུབ་པའི་སྐབས་སུ། ཐོན་སྐྱེད་ཀྱི་དོན་དངོས་དང་ཟུང་འབྲེལ་བྱས་ཏེ་རྫས་འགྱུར་གྱི་འགོག་བཅོས་བྱེད་དགོས། འོན་ཀྱང་རྒྱལ་ཁབ་ཀྱི་ཚད་གཞིའི་གཏན་འབེབས་ལྟར་འདེམས་སྤྱོད་བྱེད་དགོས་ལ། ལས་ཕྱོད་ཆེ་བ་དང་ལྷག་འཕྲོ་དམའ་བ། ཇ་ལོ་དང་ས་རྒྱུ་བདེ་འཇགས་ལ་ཤུགས་རྐྱེན་མི་ཐེབས་པ་བཅས་ཀྱི་སྤྱི་གནོད་མེད་པའི་སྨན་རྫས་སྤྱོད་དགོས་པ་མ་ཟད། འོས་འཚམ་སྤྱོད་པ་དང་ཇ་འཐུ་བའི་བདེ་འཇགས་ལ་བརྩི་སྲུང་ནན་པོ་བྱེད་དགོས། བེད་སྤྱོད་སྐབས་འོས་འཚམ་གྱི་གར་ཚད་དང་སྤྱོད་ཚད། ཐེངས་གྲངས་ལྟར་ཤོང་ཚད་དམའ་བའི་སྨན་ཆུ་གཏོར་དགོས། ཕྱིར་བཏང་དུ་ལོ་འདབ་ཀྱི་སྟེང་དུ་གཏོར་དགོས།

第七章 常见病虫害及防治方法

ལེའུ་བདུན་པ། བོད་ལྗོངས་ཇ་ཤིང་གི་རྒྱུན་མཐོང་ནད་འབུ་གནོད་འཚེ་དང་འགོག་བཅོས་བྱེད་ཐབས།

一、常见病害及防治方法
གཅིག ཇ་སྡིང་གི་རྒྱུན་མཐོང་གནོད་འཚེ་དང་འགོག་བཅོས་བྱེད་ཐབས།

1. 茶圆赤星病

为害状：茶圆赤星病又称茶褐色叶斑病、茶褐色圆星病，是由茶尾孢引起的病害。该病害主要发生在茶树的嫩叶和成叶上，嫩茎、叶柄上也可发生。早春发生严重，发病茶树叶面初生褐色小点，之后逐渐扩大成圆形病斑，中央凹陷、呈灰白色，边缘有暗褐色至紫褐色隆起线；病斑直径0.8～3.5毫米，中央散生黑色小点；发病后期茶园呈现一片紫褐色，病叶大量脱落，致使树势衰弱。该病对茶叶品质影响很大，大龄树病情较幼龄树重（图7–1）。

防治方法：掌握病害发生发展的动态规律，是做好防治工作的前提。西藏茶区夏季和秋季的日照时数和日平均温度都较春季高，因此在夏、秋两季都很少发生茶圆赤星病，即使两季降水量大，但高温仍为茶树的生长创造了适宜的条件。应该重点关注多雨、光照较少的季节。如果连续2个月出现低温、高湿、少光的情况，须加强对茶圆赤星病的防治工作，特别是当气温只有15～20℃、相对湿度80%以上、日照时间每天少于2小时时，就要采取相应的防治措施，尤其要加强对大龄树的各项管理，应该合理修剪茶树、勤除茶园杂草，以利通风透气；合理施肥，注重氮肥、磷肥、钾肥配合，提高茶树抗病力。

1. ཇ་ལོ་ཟླུམ་དབྱིབས་སྐར་དམར་ནད།

གནོད་འཚེའི་རྣམ་པ། ཇ་ལོ་ཟླུམ་དབྱིབས་སྐར་དམར་ནད་ལ་ཇ་ལོ་སྨུག་མདོག་ཁྲ་ཐིག་ནད་དང་སྨུག་མདོག་ཟླུམ་དབྱིབས་སྐར་གཟུགས་ནད་ཀྱང་ཟེར། དེ་ནི་ཇ་ཐུམ་གྱིས་བསླངས་པའི་ནད་ཅིག་ཡིན། ནད་འདི་ནི་གཙོ་བོ་ཇ་ལོ་གསར་བ་དང་རྒྱུན་ལྡན་ཇ་ལོའི་སྟེང་དུ་བྱུང་བ་དང་། ཇ་སྡོང་གསར་བའི་ཁང་དང་ཡལ་གའི་སྟེང་དུའང་འབྱུང་། དཔྱིད་མགོའི་དུས་སུ་བྱུང་བ་ཚབས་ཆེ། ཐོག་མར་ཇ་ལོའི་

ཁ་དོག་སྨུག་པོར་གྱུར་པ་དང་། ཕྱིས་སུ་རིམ་བཞིན་སྒོར་དབྱིབས་ཅན་གྱི་ཁྲ་ཐིག་བྱུང་། དཀྱིལ་དུ་ཞོམ་པ་དང་མདོག་དཀར་སྐྱ་ཡིན་ཞིང་། མཐའ་རུ་ཁ་དོག་སྨུག་སྐྱ་ནས་སྨུག་ནག་ལ་གྱུར། ནད་ཐིག་གི་ཚངས་ཐིག་ནི་ཧྲའོ་སྨི0.8～3.5ཡིན་པ་དང་། དཀྱིལ་ནས་ནག་ཐིག་འབྱུང་སྲིད། ནད་ཕོག་པའི་དུས་མཇུག་ཏུ་ཇ་ཤིང་སྨུག་པོར་འགྱུར་བ་དང་ནད་ཕོག་པའི་ལོ་མ་མང་པོ་ལྷུང་ནས་སྡོང་པོ་ཉམས་རྒུད་དུ་འགྲོ་ཞིང་། ཇ་ལོའི་ སྤུས་ཚད་ལ་ཤུགས་རྐྱེན་ཆེན་པོ་ཐེབས་སྲིད། སྡོང་སྙིང་ནི་སྡོང་གསར་དང་བསྐྱར་ན་ནད་བྱུང་ཚད་ལྷི་མོ་ཡིན། (པར་རིས7-1)

འགོག་བཅོས་བྱེད་ཐབས། ནད་གནོད་བྱུང་འཕེལ་གྱི་འགྲུལ་རྣམ་ཆོས་ཉིད་ཁོང་དུ་ཆུད་པར་བྱ་རྒྱུ་ནི་འགོག་བཅོས་ལས་དོན་ཡག་པོ་སྒྲུབ་པའི་སྔོན་འགྲོའི་ཆ་རྐྱེན་ཡིན། བོད་ལྗོངས་ཇ་ཁུལ་དུ་དབྱར་དུས་དང་སྟོན་དུས་ཀྱི་ཉི་འོད་ཕོག་ཚད་དང་ཉིན་རེའི་ཆ་སྙོམས་དྲོད་ཚད་གཉིས་ཀ་ནི་དཔྱིད་དུས་ལས་མཐོ། དེར་བརྟེན་དབྱར་དུས་དང་སྟོན་དུས་གཉིས་ཀར་ཇ་ལོ་ཟླུམ་དབྱིབས་སྐར་དམར་ནད་ཀྱི་ཕོག་ཚད་ཉུང་། ཆར་པ་བབས་ཚད་ཆེ་རུང་ཇ་སྡོང་སྐྱེ་འཚར་ལ་འཚམ་མཐུན་གྱི་ཆ་རྐྱེན་བསྐྲུན་སྲིད། དཔྱིད་དུས་ཀྱི་ཆར་ཆུ་མང་ཞིང་འོད་འཕྲོ་ཚད་ཉུང་བའི་དུས་ཚིགས་ལ་གཙོ་གནད་དུ་དོ་སྣང་བྱ་དགོས། གལ་ཏེ་བསྟུད་མར་ཟླ་བ་གཉིས་རིང་དྲོད་ཚད་དམའ་བ་དང་བརླན་བཤེར་ཆེ་བ། འོད་ཉུང་བ་བཅས་ཀྱི་གནམ་གཤིས་ཁོར་ཡུག་བྱུང་ན། ངེས་པར་དུ་ཇ་ལོ་ཟླུམ་དབྱིབས་སྐར་དམར་ནད་ཀྱི་འགོག་བཅོས་ལས་ཀར་ཤུགས་སྟོན་རྒྱག་དགོས། ལྷག་པར་དུ་ཆ་སྙོམས་ཀྱི་དྲོད་ཚད་15～20℃ལས་མེད་པ་དང་། ལྷོས་བཅས་ཀྱི་བརླན་ཚད80%ཡན། ཉིན་རེར་ཉི་འོད་ཕོག་ཚད་ཆུ་ཚོད་2ཡས་མས་ལས་ཉུང་ན། འོས་འཚམ་གྱི་འགོག་བཅོས་བྱེད་ཐབས་སྤེལ་དགོས། ལྷག་པར་དུ་སྡོང་སྙིང་རིགས་ཀྱི་ཇ་ཤིང་དོ་དམ་ལ་ཤུགས་སྟོན་རྒྱག་དགོས། ལུགས་དང་མཐུན་པའི་སྒོ་ནས་ཇ་ཤིང་གི་ཡལ་ག་གཅོད་བཏུབ་དང་རྩ་ལྷམ་མེད་པར་གཏོང་ཞིང་། རླུང་རྒྱུག་པར་ཕན་བདེ་བསྐྲུན་དགོས། དེ་མིན་ལུགས་མཐུན་ངང་ལུད་འཛོག་པ་དང་། དེ་མིན་ཁན་ལུད་དང་ལིན་ལུད། ཙ་ལུད་བཅས་མཉམ་སྤེལ་ངང་བཀོལ་སྤྱོད་བྱེད་རྒྱུར་དོ་སྣང་བྱས་ནས་ནད་འགོག་ནུས་པ་ཆེ་རུ་གཏོང་དགོས།

图7–1 茶圆赤星病为害状

པར་རིས7-1 ཇ་ལོ་ཟླུམ་དབྱིབས་སྐར་དམར་ནད་ཀྱི་གནོད་འཚེའི་རྣམ་པ།

2. 茶树炭疽病

为害状：茶树炭疽病为茶园常见病害，是由茶刺盘孢等炭疽菌属真菌引起的病害，主要侵害茶树的成叶和老叶。发病时，叶边缘或叶尖产生病斑，初为暗绿色、水渍状，后转为黄褐色，最后变成灰白色半圆形或不规则形斑块，其上散生黑色小粒点，病健界限明显。一般在叶尖、叶缘开始产生水渍状黄褐色小点，扩展后病斑由褐色变为焦黄色，最后为灰白色。但受主脉限制常表现为半叶病斑，后期病斑表面散生许多黑色细小粒点。茶树在25～27℃、高湿条件下容易发病。树势弱、管理粗放、偏施氮肥的茶园发病相对较重（图7–2）。

防治方法：加强茶园管理，适当增施磷肥、钾肥，避免单施氮肥，提高茶树抗病力；重视冬季清园，定期清除脱落的病叶并将其进行深埋，减少病原菌。掌握最佳药物防治时间，在发病前或发病初期防治，及时进行化学防治，可用70%甲基托布津（甲基硫菌灵）可湿性粉剂1 000倍液喷雾，或用75%百菌清1 000倍液喷雾。秋茶采摘结束后或春茶萌芽前选用0.6%～0.7%石灰半量式波尔多液喷雾。

2. ཇ་ལོ་སྣུན་མདོག་རྨས་གཟུགས་ནད།

གནོད་འཚེའི་རྣམ་པ། ཇ་ལོ་སྣུན་མདོག་རྨས་གཟུགས་ནད་ནི་ཇ་སྐྱིང་དུ་རྒྱུན་མཐོང་གི་ནད་གནོད་ཅིག་ཡིན་ལ། དེ་ནི་ཇ་ལོའི་ཚེར་སྡེར་ཐུམ་སོགས་ས་ནད་འབུ་ཕྲ་སོགས་ལས་བསླངས་པའི་ནད་ཅིག་ཡིན། གཙོ་བོ་ནི་རྒྱུན་ལྡན་ཇ་ལོ་དང་ཇ་ལོ་རྙིང་པ་ལ་གནོད་འཚེ་ཐེབས་པ་ཡིན། ནད་འབྱུང་སྐབས། ལོ་མའི་མཐའ་དང་ལོ་མའི་རྩེ་ལ་ཁྲ་ཐིག་འབྱུང་ཞིང་། ཐོག་མར་ལྗང་སྨུག་མདོག་དང་ཆུ་དྲིག་གི་དབྱིབས་ཡིན་པ་དང་། རྗེས་སུ་ཁ་དོག་སེར་པོར་འགྱུར་ལ། མཇུག་མཐར་ཁ་དོག་དཀར་སྐྱ་ཡི་ཕྱེད་སྒོར་རམ་དབྱིབས་ངེས་མེད་ཀྱི་ཁྲ་ཐིག་ཏུ་གྱུར། དེའི་སྟེང་དུ་མདོག་ནག་པོ་ཅན་གྱི་རིལ་ཆུང་ཐོར་ཞིང་། བདེ་ཐང་དང་ནད་གཞིའི་དབྱེ་མཚམས་མངོན་གསལ་ཡིན། སྤྱིར་བཏང་དུ་ལོ་མའི་རྩེ་དང་ལོ་མའི་མཐའ་ནས་ཆུ་དྲིག་གི་དབྱིབས་དང་མདོག་སེར་སྨུག་གི་ཁྲ་ཐིག་ཆུང་ཆུང་ཡིན་ལ། རྗེས་སུ་ཇེ་ཆེ་འཕེལ་ནས་ཁྲ་ཐིག་སྨུག་པོར་གྱུར་ལ། མཇུག་མཐར་དཀར་སྐྱ་ཡིན། འོན་ཀྱང་གཙོ་རྩའི་ཚོད་འཛིན་ཐེབས་པའི་རྟགས་ནི་ལོ་མ་ཕྱེད་ཀ་ཁྲ་ཐིག་ཡིན་པ་དང་། དུས་མཇུག་ཏུ་ཕྱི་ངོས་མདོག་ནག་པོ་ཅན་གྱི་ཁྲ་ཐིག་ཆུང་

ཆུང་ཡིན། དྲོད་ཚད་25～27℃དང་བརླན་ཤས་ཆེ་བའི་ཆ་རྐྱེན་འོག་ཏུ་ནད་འདི་རིགས་འབྱུང་སླ། སྔོང་སྡུབས་ཞན་པའི་དོ་དམ་སྐྱོད་གཡེང་དང་ཏན་ལུད་ཅུང་མང་པོའི་ཇ་ཤིང་ལ་ནད་འདི་རིགས་ལྷོས་བཅས་ཀྱི་བྱུང་ཚད་ལྷི། (པར་རིས7-2)

འགོག་བཅོས་བྱེད་ཐབས། ཇ་ལོ་སྨན་མདོག་རྨས་གཟུགས་ནད་འགོག་བཅོས་བྱེད་པར་ཇ་ཤིང་གི་དོ་དམ་ལ་ཤུགས་སྣོན་རྒྱག་དགོས་པ་དང་། ཡིན་དང་ཅ་ལུད་འོས་འཚམ་བླུགས་དགོས་ཤིང་། ཏན་ལུད་རྐྱང་རྐྱང་བླུགས་རྒྱུ་འཛེམ་ནས་ཇ་སྔོང་གི་ནད་འགོག་ནུས་པ་ཆེ་རུ་གཏོང་དགོས། དགུན་གྱི་ཇ་ཤིང་གཙང་སེལ་ལ་མཐོང་ཆེན་བྱས་ཏེ། ནད་གཞི་ཅན་གྱི་ལོ་མ་གཙང་སེལ་བྱས་ནས་ས་འོག་ཏུ་སྦས་ཏེ། ནད་གཞིའི་འབུ་ཕྲ་རྡེ་ཉུང་དུ་གཏོང་དགོས། སྨན་རྫས་འགོག་བཅོས་ཀྱི་དུས་ཚོད་ལེགས་ཤོས་ཁོང་དུ་ཆུད་པ་བྱས་ནས། ནད་མ་ཕོག་པའི་གོང་ངམ་ཡང་ན་ནད་ཕོག་པའི་ཐོག་མའི་དུས་སུ་དུས་ཐོག་ཏུ་རྫས་འགྱུར་གྱི་འགོག་བཅོས་བྱེད་དགོས་ཤིང་། 70%ཡི་ཅ་ཅི་ཐུའོ་ཕུའུ་ཅིན་（ཅ་ཅི་ལིའུ་ཅུན་ལིང་）བརླན་འགྱུར་རང་བཞིན་གྱི་སྨན་ཕྱེ་ལྷབ་1 000སྨན་ཆུ་གཏོར་བའམ་ཡང་ན་75%ཡི་པའེ་ཅུན་ཆིང་གི་ལྷབ1 000སྨན་གཏོར་དགོས། སྔོན་གྱི་ཇ་ལོ་བྱ་བ་མཇུག་བསྒྲིལ་པ་དང་དཔྱིད་ཀྱི་ཇ་ལོ་སྨྱུ་གུ་མ་འབུས་གོང་0.6%～0.7%ཡི་རྗོ་ཐལ་སྨན་ཆུ་གཏོར་དགོས།

图7–2 茶树炭疽病为害状

པར་རིས7-2 ཇ་ལོ་སྨན་མདོག་རྨས་གཟུགས་ནད་ཀྱི་གནོད་འཚེའི་རྣམ་པ།

3. 茶云纹叶枯病

为害状：茶云纹叶枯病是由茶赤叶枯刺盘孢菌、山茶球腔菌引起的茶园常见病害，主要侵害茶树的成叶和老叶，严重时也为害嫩叶。发病时叶尖或叶缘初为淡黄绿色、水渍状，后转为褐色，病斑不规则或呈弧形，上有波状轮纹，着生灰黑色小粒。嫩叶病斑褐色，圆形。严重时，茶园呈现一片枯褐色，幼龄茶树可出现全株枯死的情况。当平均气温在28℃以上、降水量大于40毫米、平均相对湿度超过80%时，容易发病，西藏高湿月份为7—9月，易成为病害发生高峰期。粗放管理、采摘过度的幼龄茶园，以及受螨类、冻伤、日灼等为害的茶园易出现该病害（图7–3）。

防治方法：加强茶园管理，多施基肥和茶叶专用肥，避免偏施氮肥，注意氮肥、磷肥、钾肥的配合施用；秋茶采完后及时清除地面落叶并进行冬耕，把病叶埋入土中，以减少翌年侵染来源；注意清沟排水，提高茶树抗病能力。同时在建设新茶园时因地制宜地选用抗病品种，注意深耕培土，做好抗旱、防冻及防虫工作，减少病害的发生。当成叶发病率达到防治指标时，按要求进行喷药防控。发病严重的茶园可选用10%苯醚甲环唑水分散粒剂1 500倍液，或用75%百菌清可湿性粉剂1 000倍液，或用70%甲基托布津可湿性粉剂1 000倍液。非采摘茶园可使用0.7%石灰半量式波尔多液进行防控。喷药应在晴天进行，须保证24小时内无雨，且注意喷洒均匀。

3. ཇ་ལོ་སྨིན་རིས་ལོ་སྐམ་ནད།

གནོད་འཚེའི་རྣམ་པ། ཇ་ལོ་སྨིན་རིས་ལོ་སྐམ་ནད་ནི་ཇ་ལོ་དམར་པོའི་ཚེར་སྣེར་ཐུམ་སྨིན་དང་ཇ་ལོའི་ཀླུམ་ཁོག་ཕྲ་སྨིན་གྱིས་བསླངས་པའི་ཇ་གླིང་ནང་དུ་རྒྱུན་དུ་འབྱུང་བའི་ནད་ཅིག་ཡིན། གཙོ་བོ་ནི་རྒྱུན་ལྡན་ཇ་ལོ་དང་ཇ་ལོ་རྙིང་པ་ལ་གནོད་འཚེ་ཐེབས་པ་དང་། ཚབས་ཆེ་བའི་སྐབས་སུ་ལོ་མ་གསར་བ་ལའང་གནོད་པ་ཐེབས། ནད་འབྱུང་སྐབས་ལོ་མའི་རྩེ་དང་ལོ་མའི་མཐའ་ནི་ལྟང་སེར་ཡིན་པ་དང་ཆུ་དྲིག་དབྱིབས་ཡིན། རྗེས་སུ་སྨུག་པོར་གྱུར་ལ། ཁྲ་ཐིག་ངེས་མེད་དམ་ཡང་ན་གཞུ་དབྱིབས་སུ་གྱུར། སྟེང་དུ་རླབས་དབྱིབས་ཀྱི་འཁོར་རིས་ཡོད་ཅིང་། ཁ་དོག་ནག་སྐྱ་ཡིན་པའི་རིལ་ཆུང་ཡང་ཡོད། ལོ་མ་གསར་བའི་ནད་ནི་མདོག་སྨུག་པོ་དང་ཟླུམ་དབྱིབས་ཡིན། ཚབས་ཆེ་བའི་སྐབས་སུ། ཇ་གླིང་གི་མདོག་སྨུག་སྐྱར་གྱུར་པ་ཡིན་ལ། སྔོང་ཐན་གྱི་ལོ་མ་ཚང་མ་སྐམ་འགྲོ ཆ་སྙོམས་དྲོད་ཚད་དེ་28℃ལས་མཐོ་བ་དང་བརྒལ་བ། ཆར་པ་འབབ་ཚད་ཧའོ་སྨི་40ལས་ཆེ་བ། ཆ་སྙོམས་གཤེར་ཚད80%ལས་བརྒལ་བ་བཅས་ཀྱི་སྐབས་སུ། ནད་འདི་རིགས་བྱུང་སླ་པ་ཡིན། བོད་ལྗོངས་ཀྱི་གཤེར་ཚད་མཐོ་བ་ནི་ཟླ7—

9ཡིན་ལ་ནད་བྱུང་ཚད་མཐོ་པོའི་དུས་ཀྱང་ཡིན། ཇ་གླིང་གི་དོ་དམ་ལྷོད་གཡེང་དང་འཐུ་ཚད་མང་དྲགས་པའི་སྟོང་ཐྲན་ཇ་གླིང་། དེ་བཞིན་སྟོམ་འབུ་རིགས་དང་འཁྱགས་རྨས། ཉི་སྲེག་སོགས་ཀྱི་གནོད་འཚེ་ཐོག་པའི་ཇ་གླིང་ལ་ནད་འདིའི་གནོད་འཚེ་ཐོག་སླ།（པར་རིས7-3）

འགོག་བཅོས་བྱེད་ཐབས། ཇ་ལོ་སྤྲིན་རིས་ལོ་སྐམ་ནད་འགོག་བཅོས་བྱེད་པར་ཇ་གླིང་གི་དོ་དམ་ལ་ཤུགས་སྣོན་རྒྱག་དགོས་པ་དང་། ཟ་ལུད་དང་ཇ་ལོ་ཆེད་སྦྱོད་ལུད་རྫས་མང་ཙམ་འཇོག་དགོས། དེ་མིན་ཏན་ལུད་མང་དྲགས་པ་དང་། ཏན་དང་ལིན། ཙྪ་སོགས་ཀྱི་སྡེབ་སྦྱོར་ལ་དོ་སྣང་བྱེད་དགོས། སྟོན་ཇ་འཐུ་ཚར་རྗེས་དུས་ཐོག་ཏུ་ས་ངོས་ཀྱི་ལོ་མ་ལྷུང་བ་གཙང་སེལ་བྱེད་པ་དང་ཆབས་ཅིག་ཏུ་དགུན་རྔོད་བྱས་ནས་ནད་གཞི་ཅན་གྱི་ལོ་མ་སྦས་པ་དང་། ལོ་རྗེས་མའི་ནད་དུག་མཆེད་པའི་ཚད་ཇེ་ཆུང་དུ་གཏོང་དགོས། ཀ་ཤུར་གྱི་ཆུ་འབུད་ལ་དོ་སྣང་བྱས་ཏེ། ཇ་སྟོང་གི་ནད་འགོག་ནུས་པ་ཇེ་མཐོ་གཏོང་དགོས། དུས་མཚུངས་ཇ་གླིང་གསར་པ་འཛུགས་སྐྲུན་བྱེད་སྐབས་ཡུལ་བབ་དང་བསྟུན་ཏེ་ནད་འགོག་གི་སྟོང་ཐྲན་འདེམས་སྦྱོད་བྱས་ནས། གཏིང་ཟབ་རྔོད་སློག་ལ་དོ་སྣང་དང་། ཐན་འགོག་དང་འཁྱག་འགོག འབུ་སྲིན་བཅས་ཀྱི་གནོད་འཚེ་སྔོན་འགོག་གི་ལས་དོན་ཡག་པོ་བསྒྲུབས་ནས། གནོད་སྐྱོན་ཐེབས་ཚད་ཇེ་ཉུང་དུ་གཏོང་དགོས། རྒྱུན་ལྡན་ལོ་མར་ནད་འདི་བྱུང་ཚད་ ཐོན་སྐབས། བླང་བྱ་ལྟར་སྨན་གཏོར་ནས་སྔོན་འགོག་བྱེད་དགོས། ཇ་གླིང་ལ་ནད་བྱུང་ཚད་ཆབས་ཆེ་བའི་དུས། 10%ཕུན་སྦྱི་ཙ་ཧྲོན་ཚོ་ཆུ་ཐོར་རིལ་སྨན་ལྡབ1 500དང་། ཡང་ན75%ཡི་པའེ་ཇུན་ཆིང་གི་ལྡབ1 000། ཡང་ན70%ཡི་ཙ་ཅི་ཐུའོ་ཕུའུ་ཅིན་བརྣན་འགྱུར་རང་བཞིན་གྱི་སྨན་ཕྱེ་ལྡབ་1 000སྨན་ཆུ་གཏོར་དགོས། ཇ་ལོ་འཐུ་མི་རུང་བའི་ཇ་གླིང་ལ0.7%རྫ་ཐལ་ཕྱེད་ཙམ་གྱི་པོ་འར་ཏུའོ་སྨན་ཆུ་སྦྱད་ནས་སྔོན་འགོག་ཚོད་འཛིན་བྱེད་དགོས། སྨན་གཏོར་བའི་དུས་ནི་གནམ་དྭངས་དུས་ཡིན་དགོས་ལ། ཆུ་ཚོད24ནང་དུ་ཆར་པ་མི་འབབ་པའི་འགན་ལེན་བྱེད་དགོས་པ་མ་ཟད། སྨན་གཏོར་ཚད་སྙོམས་པོ་ཡོང་རྒྱུར་དོ་སྣང་བྱེད་དགོས།

图7–3　茶云纹叶枯病为害状
པར་རིས7-3 ཇ་ལོ་སྤྲིན་རིས་ལོ་སྐམ་ནད་ཀྱི་གནོད་འཚེའི་རྣམ་པ།

4. 茶饼病

为害状：茶饼病又称叶肿病、疱状叶枯病、茶苞、茶泡、茶桃，是由坏损外担菌引起的茶园常见病害，主要为害茶树的幼芽、嫩叶、嫩柄。发病初期，叶片出现淡黄色或淡红色透明圆斑，病斑正面凹陷，背面凸起，上覆白色粉状物。后期病斑干缩，病叶萎凋直至脱落。在低温高湿、连续阴雨、多雾少光条件下易发病，对高温、干燥及强光环境极为敏感。多雾的高海拔、高湿凹地及露水不易干燥的茶园发病早且重；管理粗放、通风不良、密闭高湿的茶园发病重；大叶种比小叶种发病重（图7–4）。

防治方法：加强茶园管理，勤除杂草，注重茶树侧枝修剪，保证茶行间隙，合理栽植遮阴树；发病茶树可在发病初期进行适时修剪和台刈，将病枝带离茶园进行处理，使新梢抽出期避开发病盛期，减少染病机会，另外及时除草也可减轻发病；合理施肥，适当增施磷肥、钾肥，增强树势；加强预测预报，及时按要求施药防病。在病害流行期间，严重发生区域用70%甲基托布津可湿性粉剂1 000倍液喷雾，或用25%粉锈通（三唑酮）可湿性粉剂1 000倍液喷雾，或用10%多抗霉素可湿性粉剂1 000倍液喷雾。非采茶期和非采摘茶园可喷洒33.5%必绿喹啉铜悬浮剂1 500倍液进行预防。

4. ཇ་ལོ་བག་ལེབ་ནད།

གནོད་འཚེའི་རྣམ་པ། ཇ་ལོ་བག་ལེབ་ནད་ལ་ལོ་མ་སྐྲངས་པའི་ནད་དང་ཐུམ་དབྱིབས་ལོ་སྐམ་ནད། ཇ་ལོ་ཐུམ་ནད། ཇ་ལོ་ལྦུ་ནད། ཇ་ལོ་ཁམ་ནད་བཅས་ཀྱང་ཟེར། དེ་ནི་ཕྱི་འགག་ཐ་སྲིན་ལ་གནོད་འཚེ་ཐེབས་ནས་བྱུང་བའི་ཇ་གླིང་གི་རྒྱུན་མཐོང་གནོད་འཚེ་ཞིག་ཡིན། གཙོ་བོར་སྨྱུ་གུ་དང་ལོ་མ་གསར་པ། ཡལ་ག་གསར་བ་བཅས་ལ་གནོད་འཚེ་ཐེབས་པ་ཡིན། ནད་བྱུང་བའི་དུས་འགོར། ལོ་འདབ་སེར་སྐྱ་མདོག་པའམ་དམར་སྐྱའི་སྒོར་ཁྲ་དྭངས་མོ་མངོན། དེ་མིན་སྟེང་ངོས་ཟིབ་པ་དང་འོག་ངོས་འབུར་བ་ལ། སྟེང་དུ་ཕྱེ་དཀར་རྣམ་པ་མངོན། དུས་མཇུག་ཏུ་ནད་ཐོག་པའི་ཁྲ་ཐིག་སྐམ་འཁུམ་བྱུང་ལ། ལོ་མ་ཉིད་ནས་ལྷུང་པ་ཡིན། དྲོད་ཚད་དམའ་ཞིང་བརླན་གཤེར་ཆེ་བ། བསྟུད་མར་ཆར་འབབ་པ། སྨུག་པ་མང་ཞིང་འོད་ཉུང་བ་བཅས་ཀྱི་ཆ་རྐྱེན་འོག་ཏུ་ནད་འབྱུང་སླ་བ་དང་། དྲོད་ཚད་མཐོ་ཞིང་སྐམ་ཤས་ཆེ་

པ། འོད་དྲག་པ་བཅས་ལ་ཚོར་བ་སྐྱེན་པོ་ཡིན། སྨུག་པ་མང་ཞིང་ས་བབ་མཐོ་བ། བརླན་ཤས་ཆེ་བའི་ས་གནས། ཟིལ་བ་སྐམ་དཀའ་བ་སོགས་ཀྱི་ཇ་གླིང་ལ་ནད་ཕོག་སླ་ལ་ལྗི། དོ་དམ་ལྷོད་གཡེང་དང་ཇ་གླིང་གི་ལྷུང་རྒྱུག་ཚད་མི་བཟང་བ། ཁ་དམ་ཞིང་བཀག་པའི་ཇ་གླིང་ལ་ནད་ཕོག་ཚད་ལྗི། ལོ་མ་ཆེ་བའི་རིགས་ནི་ལོ་མ་ཆུང་བའི་རིགས་ལས་ལྗི།（པར་རིས7-4）

འགོག་བཅོས་བྱེད་ཐབས། ཇ་ལོ་བག་ལེབ་ནད་འགོག་བཅོས་བྱེད་པར་ཇ་གླིང་གི་དོ་དམ་ལ་ཤུགས་སྣོན་རྒྱག་དགོས་པ་དང་རྩྭ་ལྷུམ་མེད་པར་བཟོ་བ། ཇ་སྡོང་གི་ཡལ་ག་གཅོད་གཏུབ་ལ་དོ་སྣང་བྱས་ཏེ། ཇ་སྡོང་ལ་བར་གསེང་ཡོད་པ་ཁག་ཐེག་དང་། ལུགས་མཐུན་སྒྲོམ་བསིལ་འགོག་སྡོང་པོ་འཛུགས་དགོས། ནད་ཕོག་པའི་ཇ་སྡོང་ཐོག་མའི་དུས་སུ་འོས་འཚམ་གྱི་གཅོད་གཏུབ་དང་ཡལ་འབྲེག་བྱས་ན་ཆོག ནད་ཕོག་པའི་ཡལ་ག་དེ་ཇ་གླིང་ལས་ཕུད་ནས་ཐག་གཅོད་བྱེད་པ་དང་། གསར་དུ་འབུས་པའི་ཡལ་ག་དང་ནད་བྱུང་ཚད་མཐོ་པའི་ཡལ་ག་གཉིས་ཁ་བཀར་དགོས་ལ། གཞན་ཡང་དུས་ཐོག་ཏུ་རྩྭ་ལྷུམ་མེད་པར་བཟོས་ན་ནད་ཕོག་ཚད་ཇེ་ཆུང་དུ་གཏོང་དགོས། ལུགས་མཐུན་ངང་ལུད་འཇོག་པ་དང་། འོས་འཚམ་གྱི་ལིན་ལུད་དང་ཙ་ལུད་བསྣན་ནས་སྡོང་སྟོབས་ཇེ་ཆེར་གཏོང་དགོས། དེ་མིན་སྔོན་བརྡ་གཏོང་རྒྱུར་ཤུགས་སྣོན་བརྒྱབ་ནས་དུས་ཐོག་ཏུ་སྣང་བྱ་ལྟར་སྨན་བརྒྱབ་སྟེ་ནད་འགོག་བྱེད་དགོས། ནད་འགོ་སླ་བའི་སྐབས་སུ། ཚབས་ཆེ་བའི་ཁུལ་དུ70%ཡི་ཙ་ཅི་བྲུའོ་སུའུ་ཅིན་བརླན་འགྱུར་རང་བཞིན་གྱི་སྨན་ཕྱེ་ལྡབ1 000སྨན་ཆུ་གཏོར་དགོས། ཡང་ན25%ཡི་ཧྲུན་ཐའོ་ཐྲུང（སན་སོ་ཐྲུང）བརླན་འགྱུར་རང་བཞིན་གྱི་སྨན་ཕྱེ་ལྡབ1 000སྨན་ཆུ་གཏོར་དགོས། ཡང་ན10%ཡི་ཧྲོའོ་མའི་སུའུ་སྨན་ཕྱེ་ལྡབ1 000སྨན་ཆུ་གཏོར་དགོས། ཇ་འཐུ་བའི་དུས་ཚོད་མིན་པ་དང་ཇ་འཐུ་མི་རུང་པའི་ཇ་གླིང་དུ33.5%ཕུའུ་ལུའུ་ཁུའི་ལིན་ཐོང་འཕྲུ་གཡིང་སྨན་ལྡབ1 500གཏོར་ནས་སྔོན་འགོག་བྱེད་དགོས།

图7–4 茶饼病为害状

པར་རིས7-4 ཇ་ལོ་བག་ལེབ་ནད་ཀྱི་གནོད་འཚེའི་རྣམ་པ།

5. 茶白星病

为害状：茶白星病又称茶白斑病、点星病，是由茶叶叶点霉侵染引起的病害。一般高海拔茶园发病较重，主要为害茶树的嫩叶、嫩芽、嫩茎及叶柄。该病害导致茶树新梢生长不良、节间短，芽重减轻，叶片易脱落，使茶园减产，严重时可致整个叶片枯萎死亡（图7–5）。茶白星病属低温高湿型病害，茶树在气温10～30℃、相对湿度高于80%时易发病。

防治方法：可进行农业防治、生物防治和化学防治。农业防治是最基础的防治方法，包括抗性品种的选育和加强茶园管理措施。加强茶园管理即实行生态控制，做好病情监测，结合间种套作，为茶树创造良好的生态环境；合理灌溉、做好茶园的清沟排水工作，整治园地排灌系统，结合施行中耕除草，降低茶园湿度，提高防涝抗旱能力，保持较为干爽的茶园环境；合理施肥，适当增施有机肥、磷肥、钾肥，改良土壤物理性状，增强茶树抗病性；清园，摘除或剪除病叶、病芽、病梢，并将其带出茶园，集中销毁；重病茶园在冬季结合修剪、清园把病叶、枯枝落叶彻底清除干净，以消灭越冬菌源，减少次年初侵染源，同时还应做好茶园覆盖等防冻工作，除去田边杂草，以减少病菌侵染源；合理采摘，生产季节实行分批采茶，及时采茶可减少该病侵染，减轻发病。必要时可使用植物性杀菌剂（100毫克/毫升的茶皂素药液或60% L. C杀菌剂乳油）、微生物农药（武夷菌素800倍液喷雾或茶树有益微生物芽孢杆菌2 500倍液喷雾）和生物肥料（豆浆菌肥或SOD活性生物肥）进行生物防治。也可在发病初期用70%甲基托布津1 000倍液喷雾，或用50%多菌灵可湿性粉剂1 000倍液喷雾进行化学防治。

5. ཇ་ལོ་སྐར་དཀར་ནད།

གནོད་འཚེའི་རྣམ་པ།　ཇ་ལོ་སྐར་དཀར་ནད་ལ་ཇ་ལོ་དཀར་ཁྲ་ནད་དང་སྐར་ཚོག་ནད་ཀྱང་ཟེར། འདི་ནི་ཇ་ལོ་ལོ་ཚོག་ནྲམ་གྱི་རིམས་འགོ་ལས་བྱུང་བའི་ནད་ཅིག་ཡིན། སྤྱིར་བཏང་དུ་ས་བབ་མཐོ་བའི་ཇ་སྐྱིང་ལ་བྱུང་ཚད་མཐོ་ལ། གཙོ་བོར་ལོ་མ་གསར་བ་དང་སྨྱུ་གུ་གསར་བ། ཡལ་ག་གསར་བ། སྡོང་རྐང་གསར་བ་བཅས་ལ་གནོད་པ་ཡིན། འདི་དག་གིས་ཇ་སྡོང་གི་ཡལ་ག་གསར་པ་སྐྱེ་འཚར་མི་ལེགས་པ་དང་ཡལ་ག་ཐུང་བའི་སྣང་ཚུལ་འབྱུང་། དེ་མིན་ལོ་མ་ལྗི་བ་དང་ཡལ་ག་ཡང་པ། ལོ་མ་ལྷུང་སླ་བ། ཇ་སྐྱིང་

གི་ཐོན་འབབ་ཉུང་དུ་ཕྱིན་པ། ཚབས་ཆེ་བའི་སྐབས་སུ་ལོ་མ་ཚང་མ་སྐམ་ནས་ལྷུང་འགྲོ（པར་རིས7-5）ཇ་ལོ་སྐར་དཀར་ནད་ནི་དྲོད་ཚད་དམའ་ཞིང་བརླན་ཚད་མཐོ་བའི་ནད་ཀྱི་ཁོངས་སུ་གཏོགས་པ་དང་། དྲོད་ཚད་10～30℃ཡིན་པ་དང་། ཕྱོས་བཅས་བརླན་ཚད80%ལས་མཐོ་ན་ནད་འབྱུང་སླ་བ་ཡིན།

འགོག་བཅོས་བྱེད་ཐབས། ཇ་ལོ་སྐར་དཀར་ནད་ཀྱི་འགོག་བཅོས་བྱེད་ཐབས་གཙོ་བོ་ལ་ཞིང་ལས་འགོག་བཅོས་དང་སྐྱེ་དངོས་འགོག་བཅོས། རྫས་འགྱུར་འགོག་བཅོས་བཅས་ཚུད་ཡོད། ཞིང་ལས་འགོག་བཅོས་ནི་ཆེས་རྨང་གཞིའི་འགོག་བཅོས་བྱ་ཐབས་ཤིག་ཡིན་ཞིང་། དེའི་ནང་དུ་འགོག་གཉིས་ཇ་སྡོང་འདེམས་གསོ་དང་ཇ་ཤིང་དོ་དམ་བྱ་ཐབས་ཚུད་ཡོད། ཇ་ཤིང་དོ་དམ་ལ་ཤུགས་སྣོན་བརྒྱབ་སྟེ་སྔོད་བཅུད་ཚོད་འཛིན་བྱས་ནས། ནད་གཞིའི་གནས་ཚུལ་ལ་ལྟ་ཞིབ་ཚད་ལེན་ཡག་པོ་བྱེད་པ་དང་། དེ་མིན་བར་བསྲེས་འདེབས་འཛུགས་དང་འབྲེལ་ནས། ཇ་སྡོང་ལ་སྔོད་བཅུད་ཁོར་ཡུག་བཟང་པོ་གཏོད་དགོས། ཆུ་འབུད་འདྲེན་འོས་འཚམ་དང་ཇ་ཤིང་ཀ་ཤུར་གི་ཆུ་འབུད་ལས་དོན་ཡག་པོ་སྒྲུབ་པ། ཇ་ཤིང་ཆུ་འདྲེན་གཏོང་གི་ལས་དོན་བཅོས་སྒྲིག་བྱེད་པ། དེ་མིན་བར་མཚམས་ཀ་ཡུར་གྱི་རྩྭ་ལྷུམ་མེད་པར་བཟོས་ནས། ཇ་ཤིང་གི་བརླན་བཤེར་ཇེ་ཆུང་དུ་གཏོང་བ། ཞོད་འགོག་ཐན་འགོག་གི་ནུས་པ་ཆེ་རུ་གཏོང་བ་བཅས་བྱས་ནས་ཇ་ཤིང་གི་ཁོར་ཡུག་ཅུང་སྐམ་པོ་ཞིག་རྒྱུན་འཁྱོངས་བྱེད་དགོས། ལུགས་མཐུན་གྱིས་ལུད་འཛུགས་པ་དང་། སྐྱེ་ལྡན་ལུད་དང་ཞིན་ལུད། ཙ་ལུད་འོས་འཚམ་སྦྲགས་པ། ས་རྒྱུའི་དངོས་ལུགས་ངོ་བོ་ལེགས་བཅོས་བྱེད་པ། ཇ་སྡོང་གི་ནད་འགོག་ནུས་པ་ཆེ་རུ་གཏོང་བ་བཅས་བྱེད་དགོས། ཇ་ཤིང་གཙང་སེལ་དང་ཇ་ལོ་ནད་པ་གཅོད་གཏུབ། ཇ་ལོ་སྨྱུ་གུ་དང་ཡལ་ག་ནད་པ་ཅན་གཅོད་གཏུབ། ནད་པ་ཅན་འདི་རིགས་ཇ་ཤིང་ནས་མེད་པར་གཏོང་པ་དང་། མཉམ་དུ་མེད་པར་གཏོང་དགོས། ནད་ཚབས་ཆེན་གྱི་ཇ་ཤིང་ཡི་དགུན་དུས་ཀྱི་ཇ་ཤིང་གཙང་སེལ་དང་ཟུང་འབྲེལ་བྱས་ཏེ། ལོ་མ་ནད་པ་ཅན་དང་ལོ་མ་སྐམ་པོ་དག་རྩ་བ་ནས་མེད་པར་གཏོང་དགོས་ལ། དགུན་སློལ་གྱི་འབུ་ཕྲའི་འབྱུང་ཁུངས་མེད་པ་བཟོ་བ་དང་ལོ་མགོའི་གནོད་སྐྱོན་ཇེ་ཉུང་དུ་གཏོང་དགོས། དུས་མཚུངས་ཇ་ཤིང་སོགས་ཀྱི་འཁྲུག་འགོག་ལས་དོན་ཡག་པོ་བསྒྲུབ་ནས། འགྲམ་གྱི་རྩྭ་ལྷུམ་མེད་པ་བཟོས་ཏེ་ནད་འབུ་འགོས་ཚད་ཇེ་ཉུང་དུ་གཏོང་དགོས། ལུགས་མཐུན་ངང་འཐུ་འཐོག་བྱས་ཏེ། ཐོན་སྐྱེད་དུས་ཚིགས་སུ་ཁག་བགོས་ནས་ཇ་ལོ་འཐུ་འཐོག་བྱེད་དགོས། དུས་ཐོག་ཏུ་ཇ་ལོ་འཐུ་འཐོག་བྱས་ཚེ། ནད་འགོས་ཚད་ཇེ་ཉུང་དུ་གཏོང་ཐུབ་པ་དང་ནད་གཞིའང་ཇེ་ཡང་དུ་གཏོང་ཐུབ། དགོས་ངེས་ཀྱི་དུས་སུ་རྩི་ཤིང་རང་བཞིན་གྱི་འབུ་ཕྲ་གསོད་སྨན(100 mg/mLཡི་ཇ་རྒྱུ་གཤེར་ཁུའམ་ཡང་ན་60%L · C ཡི་འབུ་ཕྲ་གསོད་སྨན་འོ་སྣུམ）དང་། སྐྱེ་དངོས་ཕྲ་རབ་ཀྱི་ཞིང་སྨན་དང་།（ལྕུའུ་དབྱི་ཙུན་སུའུ་ལྡབ800ཡི་གཤེར་ཁུའམ་ཇ་སྡོང་གི་ཕན་ལྡན་སྐྱེ་དངོས་འབུ་ཕྲ་ལྡབ2 500ཡི་གཤེར་ཁུ） སྐྱེ་དངོས་ལུད་རྫས（སྲིན་ཁུ་སྲིན་ལུད་དམSODགྲུང་གཤིས་སྐྱེ་དངོས་ལུད་རྫས）བཅས་བཀོལ་ནས་སྐྱེ་དངོས་འགོག་བཅོས་བྱེད་དགོས། དེ་མིན་ནད་བྱུང་བའི་དུས་འགོར་70%ཡི་ཙ་ཅི་ཐྲུའོ་སུའུ་ཅིན་ལྡབ1 000སྨན་ཆུ་གཏོར་དགོས། ཡང་ན50%ཡི་ཏོའོ་ཙུན་ལིང་བརླན་འགྱུར་རང་བཞིན་གྱི་སྨན་ཕྱེ་ལྡབ1 000སྨན་ཆུ་གཏོར་ནས་རྫས་འགྱུར

འགོག་བཅོས་བྱེད་དགོས།

图7–5　茶白星病为害状

པར་རིས7-5 ཇ་ལོ་སྐར་དཀར་ནད་ཀྱི་གནོད་འཚེའི་རྣམ་པ།

6. 茶煤病

为害状：茶煤病是由茶新煤炱等引起的病害，主要为害茶树的叶片。发病初期叶片表面产生黑色圆形或不规则形小斑，后逐渐扩大，严重时黑色煤粉状物覆盖全叶，甚至由叶部蔓延至小枝及茎上，病株各部表面覆有一层烟煤状物。该病发生严重时，茶园一片污黑，芽叶生长受阻，致使茶叶产量明显下降，茶叶品质也受到一定影响。茶煤病的发生常与黑刺粉虱、蚧类、蚜虫等昆虫密切相关。管理粗放的茶园，或荫蔽潮湿、雨后湿气滞留及害虫发生严重的茶园易发病（图7–6）。

防治方法：控制虫害是防治一般茶煤病的根本措施。加强茶园管理，适当修剪以利通风透光，适施肥料，增强树势，定期疏枝，勤除杂草，也可以减轻发病程度。在发病初期，每亩可用70%甲基托布津1 000倍液喷雾，或用75%百菌清可湿性粉剂1 000倍液喷雾。在早春或深秋茶园停止采摘期，可喷施0.5波美度石硫合剂，或喷施0.6%石灰半量式波尔多液，抑制病害的发展。

6. ཇ་ལོ་སོལ་ནད།

གནོད་འཚེའི་རྣམ་པ། ཇ་ལོ་སོལ་ནད་ནི་ཇ་གསར་སོལ་སོགས་ཀྱིས་བསླངས་པའི་གནོད་འཚེ་ཞིག་ཡིན་ལ། གཙོ་བོ་ནི་ལོ་མ་ལ་གནོད་པ་ཡིན། ནད་བྱུང་བའི་ཐོག་མའི་དུས་ལོ་མ་ཕྱི་ངོས་སུ་ནག་པོ་ཟླུམ་

དབྱིབས་སམ་དབྱིབས་ངེས་མེད་ཀྱི་ཁྲ་ཐིག་ཐོན་པ་དང་། རྗེས་སུ་རིམ་བཞིན་རྒྱ་བསྐྱེད། ཚབས་ཆེ་བའི་སྐབས་སོལ་ནག་ནི་ལོ་མ་ཧྲིལ་པོར་ཁྱབ་པ་དང་། ཐ་ན་ལོ་མ་ནས་ཡལ་ག་ཆུང་ཆུང་དང་སྡོང་རྐང་ལའང་ཁྱབ་ཅིང་། ནད་ཐོག་པའི་སྡོང་པོ་ཁག་གི་ཕྱི་ངོས་སུ་ཐ་མག་དང་རྗེ་སོལ་གྱི་དབྱིབས་ཀྱི་རྫས་ཤིག་བཀབ་ཡོད། ནད་འདི་ཚབས་ཆེ་བའི་སྐབས་སུ། ཇ་ལྗིང་གི་མདོག་ནག་པོར་གྱུར་ཅིང་སྨུ་གུ་སྐྱེ་འཚར་ལ་བཀག་འགོག་ཐེབས་པས། ཇ་ལོའི་ཐོན་ཚད་མངོན་གསལ་གྱིས་མར་ཆག་པ་དང་། ཇ་ལོའི་སྤུས་ཀར་ཤུགས་རྐྱེན་ངེས་ཅན་ཐེབས་སྲིད། ཇ་ལོ་སོལ་ནད་ནི་རྒྱུན་དུ་ཕྱེ་ནག་ཤིག་རིགས་དང་སྐྱེ་དངོས་གནོད་འབུ་སོགས་འབུ་སྲིན་དང་འབྲེལ་བ་དམ་པོ་ཡོད། ཇ་ལྗིང་ལྷོད་གཡེང་དོ་དམ་བྱེད་པ་དང་བརྟན་བཤེར་ཆེ་ལ་ཆར་པ་བབས་རྗེས་བརྟན་བཤེར་ཆེ་བ། གནོད་འབུ་ཚབས་ཆེ་བའི་ཇ་ལྗིང་ལ་ནད་ཐོག་སླ།པར་རིས7-6

འགོག་བཅོས་བྱེད་ཐབས།　གནོད་འབུ་ཚོད་འཛིན་བྱ་རྒྱུ་ནི་ཕྱིར་བཏང་གི་ཇ་ལོ་སོལ་ནད་འགོག་བཅོས་བྱེད་པའི་རྩ་བའི་བྱེད་ཐབས་ཤིག་ཡིན། ཞིང་ལས་འགོག་བཅོས་ཀྱི་ཕྱོགས་ནས། འོས་འཚམ་གྱི་གཅོད་གཏུབ་བརྒྱུད་ནས་རླུང་རྒྱུག་ཚད་དང་ཉི་འོད་ཐོག་ཚད་ཇེ་ལེགས་སུ་གཏོང་བ། ཇ་ལྗིང་གི་དོ་དམ་ལ་ཤུགས་སྣོན་རྒྱག་པ། འོས་འཚམ་གྱི་ལུད་འཛུགས་པ། སྡོང་སྟོབས་ཆེ་རུ་གཏོང་བ།　གཅོད་གཏུབ་འོས་འཚམ་རྒྱག་པ། རྩྭ་ལྷུམ་མེད་པར་བཟོ་བ་བཅས་ཀྱི་བྱ་སྤྱོད་སྤེལ་ན་ཤིན་ཏུ་བཟང་། སྨན་གྱི་འགོག་བཅོས་ཕྱོགས་ནས། ནད་བྱུང་བའི་དུས་འགོར། མུའུ་རེ་རེར70%ཡི་ཙ་ཅི་ཐུའོ་ཕུའུ་ཅིན་ལྡབ1 000སྨན་ཆུ་གཏོར་བ་དང་། ཡང་ན་75%ཡི་པའི་ཙུན་ཆིང་གི་བརྟན་འགྱུར་རང་བཞིན་གྱི་སྨན་ཕྱེ་ལྡབ1 000གཏོར་དགོས། དབྱིད་མགོའམ་སྟོན་ཁར་ཇ་ལྗིང་ཇ་ལོ་འཐུ་འཐོག་མཚམས་འཇོག་པའི་དུས་སུ།0.5པོ་མེ་ཏུའུ་མུ་ཟེའི་བསྲེས་སྦྱོར་རྫས་གཏོར་བའམ་ཡང་ན་0.6%རྗོ་ཐལ་ཕྱེད་ཙམ་གྱི་པོ་ཨའི་ཏུའོ་སྨན་ཆུ་གཏོར་ཆོག། གནོད་འཚེ་འགོག་པའི་ནུས་པ་ཡོད།

图7–6　茶煤病为害状

པར་རིས7-6　ཇ་ལོ་སོལ་ནད་ཀྱི་གནོད་འཚེའི་རྣམ་པ།

7. 茶轮斑病

为害状：茶轮斑病是由茶拟盘多毛孢引起的病害，主要为害茶树的叶片和新梢。嫩叶、成叶、老叶均见发病，先在叶尖或叶缘上生出黄绿色小病斑，后扩展为圆形至椭圆形或不规则形褐色大病斑，成叶和老叶上的病斑具有明显的同心轮纹，后期病斑中间变成灰白色，湿度大时出现呈轮纹状排列的黑色小粒点，即病原菌的子实体。嫩叶染病时从叶尖向叶缘渐变成黑褐色，病斑不整齐，呈焦枯状，病斑正面散生煤污状小点，病斑上没有轮纹，病斑多时常相互融合致叶片大面积布满褐色枯斑。嫩梢染病时通常尖端先发病，后变黑枯死，继续向下扩展引致枝枯，发生严重时叶片大量脱落或扦插苗成片死亡（图7–7）。茶轮斑病属高温高湿型病害，茶树在气温25～28℃、相对湿度85%～87%时易发病。夏、秋两季发病重。排水不良、栽植过密的茶园发病重。

防治方法：以农业防治为主要措施，加强茶园管理，增施有机肥，改善土壤质量，提高茶树的抗病性；建立良好的茶园排灌系统，雨后及时排水，促进通风透光，降低环境湿度，以减轻发病；防止强采、捋采等人为操作过度制造伤口，以减少侵染机会；及时防治虫害，同时避免病害通过伤口侵染；适时合理按要求应用化学药剂进行综合防治。采摘茶园发病严重时可在秋茶采摘结束后用70%甲基托布津可湿性粉剂1 000倍液喷雾，或用50%多菌灵可湿性粉剂800倍液喷雾。非采摘时期茶园封园后可选用0.6%石灰半量式波尔多液喷雾。

7. ཇ་ལོ་འཁོར་ཁྲ་ནད།

གནོད་འཚེའི་རྣམ་པ། ཇ་ལོ་འཁོར་ཁྲ་ནད་ནི་ཇ་ལོ་སྤེར་སྤུ་མང་ཐུམ་གྱིས་བསླངས་པའི་གནོད་འཚེ་ཞིག་ཡིན་ལ། གཙོ་བོར་ཇ་ལོ་དང་ཡལ་ག་གསར་པར་གནོད་འཚེ་གཏོང་པ་ཡིན། ལོ་མ་གསར་བ་དང་རྒྱུན་ལྡན་ལོ་མ། ལོ་མ་རྙིང་བ་བཅས་ཚང་མར་ནད་འབྱུང་སྲིད་ལ། ཐོག་མར་ལོ་མའི་རྩེའམ་ལོ་མའི་མཐའ་ནས་མདོག་ལྗང་སེར་གྱི་ཁྲ་ཐིག་འབྱུང་ལ། རྗེས་སུ་སྐོར་དབྱིབས་ནས་འཇོང་དབྱིབས་སམ་

དབྱིབས་ངེས་མེད་ཀྱི་ཁྲ་ཐིག་འབྱུང་། རྒྱུན་ལྡན་ལོ་མ་དང་ལོ་མ་རྙིང་བ་སྟེང་དུ་ལྟེ་སྙིང་ཁྲ་རིས་མངོན་ལ། རྗེས་ཕྱོགས་ཀྱི་ནད་རྟགས་ནི་དཀར་པོར་མངོན། བརླན་བཤེར་ཆེ་བའི་དུས་སུ་འཁོར་ལོ་དབྱིབས་ཀྱི་བསྐོར་སྒྲིག་ནག་ཐིག་མངོན་ལ། འདི་ལ་ཕྲ་ཕུང་སྦྲ་མའི་མ་དངོས་ཟེར། ལོ་མ་གསར་བར་ནད་འདི་བྱུང་བའི་དུས་སུ། ལོ་མའི་རྩེ་ནས་ལོ་མའི་མཐའ་རིམ་གྱིས་སྨུག་པོར་འགྱུར་བ་དང་། ནད་ཀྱི་ཁྲ་ཐིག་དོ་མཉམ་པ་དང་འཚིག་རོ་རྣམ་པ་མངོན། ཤུབས་ཀྱི་མདུན་ཕྱོགས་སུ་ཐོར་དབྱིབས་ཀྱི་རྗེ་སོལ་ནག་ཐིག་ཆུང་ཆུང་མངོན་ལ། ཁྲ་ཐིག་སྟེང་དུ་འཁོར་རིས་མེད་ལ། ནད་ཀྱི་ཁྲ་ཐིག་མང་ཆེ་བ་རྒྱུན་དུ་ཕན་ཚུན་འདྲེས་ནས་ལོ་མ་མང་ཆེ་བ་མདོག་སྨུག་པོར་འགྱུར་སྲིད། ཡལ་ག་མཉེན་མོར་ནད་ཕོག་ཚེ་སྔོན་ལ་རྩེ་མོར་ནད་ཕོག་པ་དང་རྗེས་སུ་ནག་པོར་གྱུར་ནས་སྐམ་འགྲོ་བ་དང་། དེ་ནས་མུ་མཐུད་དུ་འཕེལ་ན་ཡལ་ག་སྐམ་འགྲོ་བ་ཡིན། ཚབས་ཆེ་བའི་སྐབས་སུ་ལོ་མ་མང་པོ་ལྷུང་བའམ་སྦྱི་བཙུགས་སྡོང་ཐྲན་མང་པོ་ཤི་འགྲོ (པར་རིས7-7) ཇ་ལོ་འཁོར་ཁྲ་ནད་ནི་དྲོད་ཚད་མཐོ་ཞིང་བརླན་བཤེར་རིགས་ཀྱི་ནད་ཡིན་པ་དང་། དྲོད་ཚད་མཐོ་ཞིང་བརླན་བཤེར་གྱི་ཆ་རྐྱེན་ལ་ནད་འབྱུང་བ་ཡིན། དྲོད་ཚད25～28℃དང་ལྟོས་བཅས་བརླན་ཚད་85%～87%ནི་ནད་འབྱུང་བར་ཕན་པ་ཡོད། དབྱར་དུས་སྟོན་ཚུགས་གཉིས་སུ་ཚབས་ཆེ་རུ་འགྲོ ཇ་ཤིང་གི་ཆུ་འབུད་མི་བཟང་བ་དང་། ཇ་ཤིང་སྟུག་པོར་བཙུགས་ཚེ་ནད་ཕོག་ཚད་ལྷི།

འགོག་བཅོས་བྱེད་ཐབས། ཇ་ལོ་འཁོར་ཁྲ་ནད་འགོག་བཅོས་བྱ་རྒྱུར་ཞིང་ལས་འགོག་བཅོས་བྱ་ཐབས་གཙོ་བོར་བཟུང་ནས་ཇ་ཤིང་གི་དོ་དམ་ལ་ཤུགས་སྣོན་དང་། སྐྱེ་ལྡན་ལུད་མང་དུ་བཏང་ནས། ས་རྒྱུ་ལེགས་བཅོས་བྱས་ཏེ། ཇ་སྡོང་གི་ནད་འགོག་ནུས་པ་ཆེ་རུ་གཏོང་དགོས ཇ་ཤིང་ལ་ཆུ་འདྲེན་གཏོང་མ་ལག་ལེགས་པོ་བཙུགས་ཤིང་། ཆར་འབབ་པའི་རྗེས་དུས་ཐོག་ཏུ་ཆུ་འབུད་པ་དང་ཆུང་རྒྱུག་པར་སྐྱལ་འདེད་བྱེད་པ། ཁོར་ཡུག་གི་བརླན་བཤེར་ཇེ་ཆུང་དུ་གཏོང་བ་བཅས་བྱས་ཏེ། ནད་ཕོག་ཚད་ཇེ་ཆུང་དུ་གཏོང་དགོས། དེ་མིན་བཙན་གྱི་འབུ་འཇོག་དང་རྩུབ་ཀྱི་འབུ་འཇོག་སོགས་མིས་བཟོས་གནོད་འཚེ་ཐེབས་པར་སྔོན་འགོག་བྱས་ཏེ། གནོད་འཚེ་ཐེབས་པའི་གོ་སྐབས་ཇེ་ཉུང་དུ་གཏོང་དགོས། དུས་ཐོག་ཏུ་གནོད་འབུ་འགོག་བཅོས་བྱས་ནས། ནད་ཀྱི་གནོད་སྐྱོན་རྒྱ་ཁ་བརྒྱུད་ནས་འགོས་པར་འཛོམ་དགོས། དུས་ཐོག་ཏུ་ལུགས་མཐུན་གྱི་སྒོ་ནས་བླང་བྱ་ལྟར་རྫས་འགྱུར་གྱི་སྨན་རྫས་བེད་སྤྱོད་བྱས་ཏེ་ཕྱོགས་བསྡུས་ཀྱིས་འགོག་བཅོས་བྱེད་དགོས། ཇ་ཤིང་འབུ་འཇོག་བྱ་ཡུལ་གྱི་ཇ་ཤིང་ལ་ནད་གཞི་ཚབས་ཆེན་བའི་སྐབས་སྔོན་གྱི་ཇ་ལོ་འབུ་འཇོག་བྱས་པའི་རྗེས70%ཡི་ཅ་ཅི་ཐུའོ་ཕུའུ་ཅིན (ཅ་ཅི་ལིའུ་ཙུན་ལིང་) བརླན་འགྱུར་རང་བཞིན་ སྨན་ཕྱེ་ལྡབ1 000སྨན་ཆུ་གཏོར་དགོས། ཡང་ན་50%ཡི་ཧྲོའོ་ཙུན་ལིང་བརླན་འགྱུར་རང་བཞིན་གྱི་སྨན་ཕྱེ་ལྡབ་800སྨན་ཆུ་གཏོར་ནས་རྫས་འགྱུར་འགོག་བཅོས་བྱེད་དགོས། འབུ་འཇོག་མིན་པའི་དུས་ཇ་ཤིང་གི་སྒོ་རྒྱག་པའི་རྗེས་སུ། 0.6%རྗོ་ཐལ་ཕྱེད་ཙམ་གྱི་པོ་ཨའེ་ཏུའོ་སྨན་ཆུ་གཏོར་དགོས།

图7–7　茶轮斑病为害状
པར་རིས7-7 ཇ་ལོ་འཁོར་ཁྲ་ནད་ཀྱི་གནོད་འཚེའི་རྣམ་པ།

8. 茶枝梢黑点病

为害状：茶枝梢黑点病是由薄盘菌引起的病害，多发生在当年生的半木质化枝梢上。受害枝梢初期出现不规则形的灰色病斑，之后逐渐向上、向下扩展，病害范围可长达10～20厘米。病斑呈现灰白色，其表面散生许多黑色带有光泽的小粒点，呈圆形或椭圆形，向上凸起。发病重的园块枝梢芽叶稀疏、瘦黄，枝梢上部叶片大量脱落，严重时，全梢枯死（图7–8）。当温度为20～25℃、湿度在80%以上时，茶枝梢黑点病容易发生。

防治方法：因地制宜地选用抗病品种，同时应避免大面积连片种植单一品种；病害发生较轻的茶园可以进行轻修剪；病害发生严重的茶园，应结合树冠改造进行重修剪，修剪下的枝条应带至园外，及时处理。适时按要求应用化学药剂进行综合防治。在发病时，可用70%甲基托布津可湿性粉剂1 000倍液喷雾，或用50%苯菌灵可湿性粉剂1 000倍液喷雾，或用50%多菌灵可湿性粉剂800倍液喷雾。

8. ཇ་ལོ་ཡལ་ག་ནག་ཐིག་ནད།

གནོད་འཚེའི་རྣམ་པ། ཇ་ལོ་ཡལ་ག་ནག་ཐིག་ནད་ནི་སྲབ་སྡེར་སྲིན་གྱིས་བསླངས་པའི་ནད་

ཅིག་ཡིན་ལ། མང་ཆེ་བ་ནི་ལོ་དེར་སྐྱེས་པའི་ཤིང་རྒྱ་ཕྱེད་ཙམ་གྱི་ཡལ་གའི་སྟེང་བྱུང་བ་རེད། གནོད་འཚེ་ཐེབས་པའི་ཡལ་ཕྲན་གྱི་དུས་འགོར། དབྱིབས་ངེས་མེད་ཀྱི་མདོག་སྐྱ་བོ་ཅན་གྱི་ཁྲ་ཐིག་བྱུང་། རྗེས་སུ་རིམ་གྱིས་ཡར་དང་མར་ལ་བསྐྱེད་ན། རིང་ཐུང་ལི་སྨི་10～20ལ་སླེབས་ཐུབ། ཁྲ་ཐིག་ནི་དཀར་སྐྱ་ཡིན་པ་དང་། དེའི་ཕྱི་ངོས་ལ་མདོག་ནག་པོ་ཅན་གྱི་རིལ་ཆུང་མང་པོ་ཞིག་ཡོད་པ་དང་། སྒོར་དབྱིབས་སམ་འཇོང་དབྱིབས་ཡིན་ལ། སྟེང་དུ་འབུར་ཡོད། ནད་ཚབས་ཆེ་བའི་ཇ་གླིང་གི་ཡལ་ག་ལོ་མ་ཐར་ཐོར་དང་ལོ་མ་སྐམ་པ། ལོ་མ་མང་པོ་ལྷུང་བ་བཅས་ཀྱི་གནས་ཚུལ་འབྱུང་། ཚབས་ཆེ་བའི་སྐབས་སུ་ཡལ་ག་ཐམས་ཅད་སྐམ་ནས་ཤི་བ་ཡིན། (པར་རིས7-8) དྲོད་ཚད20～25℃དང་། བརླན་བཤེར་80%ཡན་ཡིན་དུས། ཇ་ལོ་ཡལ་ག་ནག་ཐིག་ནད་ཀྱི་འཕེལ་རྒྱས་ལ་འཚམ་པོ་ཡོད།

འགོག་བཅོས་བྱེད་ཐབས། ཇ་ལོ་ཡལ་ག་ནག་ཐིག་ནད་འགོག་བཅོས་བྱེད་སྐབས་ཡུལ་བབ་དང་བསྟུན་ཏེ་ནད་འགོག་ཐུབ་པའི་སྨན་རིགས་འདེམས་དགོས་པ་དང་ཆབས་ཅིག གཞི་ཁྱོན་ཆེ་བའི་ཇ་སྡོང་སྣ་གཅིག་འདེབས་མི་རུང་། ནད་བྱུང་བའི་དུས་ཚུང་ཡང་བའི་ཇ་གླིང་དུ་སྐབས་བདེའི་གཙོད་གཏུབ་བྱེད་ན་ཆོག་པ་དང་། གནོད་པ་ཚབས་ཆེན་བྱུང་བའི་ཇ་གླིང་དུ་སྡོང་རྩེ་བསྒྱུར་བཀོད་བྱེད་པ་དང་ཟུང་འབྲེལ་བྱས་ཏེ། བསྐྱར་མའི་གཙོད་གཏུབ་བྱེད་དགོས། ཇ་གླིང་གི་ཕྱི་རུ་མཆེད་པའི་ཡལ་ག་དུས་ཐོག་ཏུ་གཙོད་གཏུབ་བྱེད་དགོས་ལ། དེ་མིན་དུས་དང་བསྟུན་ནས་ལྷང་བྱ་ལྟར་རྫས་འགྱུར་གྱི་སྨན་རྫས་བེད་སྤྱོད་བྱས་ཏེ་ཕྱོགས་བསྡུས་ཀྱིས་འགོག་བཅོས་བྱེད་དགོས། ནད་བྱུང་བའི་དུས། 70%ཡི་ཙ་ཅི་ཐུའོ་སུའུ་ཅིན་བརླན་འགྱུར་རང་བཞིན་ སྨན་ཕྱེ་ལྟབ1 000སྨན་ཆུ་གཏོར་དགོས། ཡང་ན་50%ཡི་སུན་ཙུན་ལིང་བརླན་འགྱུར་རང་བཞིན་གྱི་སྨན་ཕྱེ་ལྟབ་1 000སྨན་ཆུ་གཏོར་དགོས། ཡང་ན་50%ཡི་ཧྲའོ་ཙུན་ལིང་བརླན་འགྱུར་རང་བཞིན་གྱི་སྨན་ཕྱེ་ལྟབ800སྨན་ཆུ་གཏོར་དགོས།

图7–8 茶枝梢黑点病为害状

པར་རིས7-8 ཇ་ལོ་ཡལ་ག་ནག་ཐིག་ནད་ཀྱི་གནོད་འཚེའི་རྣམ་པ།

9. 茶赤叶斑病

为害状：茶赤叶斑病主要为害成叶和老叶，嫩叶也可染病。多从叶尖或叶缘处开始发病，产生浅褐色病斑，后扩展到半叶或全叶，形成不规则形大病斑。病斑颜色较一致，呈深红褐色至赤褐色，边缘具深褐色隆起线，与健部分界明显，后期病部生出略凸起的黑色小粒点。病斑背面为较叶面色浅的黄褐色，病斑表面初期平滑，后渐皱缩，最终干枯脱落（图7–9）。该病属高温高湿型病害，夏季干旱，蒸腾作用加强，根部供水不足时，茶树易遭受病菌侵染。茶园缺水导致茶树抗性下降，易诱发该病。

防治方法：加强茶园管理，增施有机肥，改良土壤结构，增强保水性，是防治该病的根本措施。夏季干旱，要及时灌溉，保持土壤湿度，合理种植遮阴树，减少阳光直射，防止日灼。夏季干旱到来之前可喷洒50%苯菌灵可湿性粉剂1 500倍液，或用70%多菌灵可湿性粉剂900倍液喷雾，或用36%甲基托布津悬浮剂600倍液喷雾。幼龄茶园或非采摘园可选用0.6%～0.7%石灰半量式波尔多液喷雾。

9. ཇ་ལོ་དམར་པོ་ཁྲ་ཐིག་ནད།

གནོད་འཚེའི་རྣམ་པ། ཇ་ལོ་དམར་པོ་ཁྲ་ཐིག་ནད་ཀྱིས་གཙོ་བོར་རྒྱུན་ལྡན་ལོ་མ་དང་ལོ་མ་རྙིང་པ། ལོ་མ་གསར་བ་ལ་གནོད་འཚེ་གཏོང་སྲིད། མང་ཆེ་བ་ནི་ལོ་མའི་རྩེ་དང་ལོ་མའི་སྣེ་ནས་མགོ་བརྩམས་ཏེ་སྨུག་པོའི་ཁྲ་ཐིག་འབྱུང་། རྗེས་སུ་ལོ་མ་ཕྱེད་ཀའམ་ཡང་ན་ལོ་མ་ཆ་ཚང་ལ་བསྐྱེད་ནས་དབྱིབས་ངེས་མེད་ཀྱི་ཁྲ་ཐིག་ཆེན་པོ་འབྱུང་། ཁྲ་ཐིག་གི་ཁ་དོག་ཅུང་གཅིག་འདྲ་ཡིན་ཏེ། ཁ་དོག་དམར་ནག་ནས་ཁམ་དམར་ཡིན་ལ། མཐའ་རུ་དམར་ནག་གི་འབུར་ཐིག་ཡོད། དེ་ནི་བདེ་ཐང་གི་ལོ་མ་དང་བསྡུར་ན་ཧ་ཅང་མངོན་གསལ་ཡིན། རྗེས་སུ་མདོག་ནག་པོའི་རིལ་རྡོག་ཆུང་ཞིག་སྐྱེས་པ་ཡིན། རྒྱབ་ངོས་ནི་མདོག་སེར་སྨུག་ཡིན་པ་དང་། ཕྱི་ངོས་ནི་ཐོག་མའི་དུས་སུ་འཇམ་ཐིང་ངེར་གནས་ལ། རིམ་གྱིས་གཉེར་མ་འཁྱུམ་ཞིང་། མཐར་སྐམ་ནས་ལྷུང་འགྲོ（པར་རིས7-9） ནད་འདི་ནི་དྲོད་ཚད་མཐོ་ཞིང་བརླན་ཆེ་བའི་ནད་ཀྱི་ཁོངས་སུ་གཏོགས་པ་དང་། དབྱར་དུས་ཐན་པ་དང་།རླངས་འཕྱུར་བའི་ནུས་པ་ཆེ་རུ་འགྲོ་བ། རྩད་པར་ཆུ་མི་འདང་བ་བཅས་ལས་གནོད་འཚེ་ཐེབས་སླ། ཇ་སྲིང་ལ་ཆུ་དཀོན་པ་དང་ཇ་སྡོང་གི་ཆུ་མཁོ་སྲོད་མི་འདང་བ་སོགས་ལས་འགོག་གཤིས་མར་ཆག་ལ་ནད་འདི་ཐོག་སླ།

འགོག་བཅོས་བྱེད་ཐབས། ཇ་ལོ་དམར་པོ་ཁྲ་ཐིག་ནད་འགོག་བཅོས་བྱེད་པར་ཇ་ཤིང་གི་དོ་དམ་ལ་ཤུགས་སྣོན་རྒྱག་པ་དང་། སྐྱེ་ལྡན་ལུད་མང་དུ་གཏོང་བ། ས་རྒྱུའི་གྲུབ་ཆ་ལེགས་བཅོས། ཆུ་ནུས་སྲུང་ཤུགས་ཆེ་རུ་གཏོང་བ་བཅས་བྱེད་དགོས་པ་ནི་ནད་འདི་འགོག་བཅོས་བྱེད་པའི་རྩ་བའི་བྱ་ཐབས་ཤིག་ཡིན། དབྱར་དུས་ཐན་སྐམ་ལ་དུས་ཐོག་ཏུ་ཆུ་འབུད་པ་དང་། ས་རྒྱུའི་བརྟན་བཤེར་རྒྱུན་འཁྱོངས་བྱ་དགོས་ལ། ལུགས་མཐུན་ངང་ཉི་འོད་ཐད་ཀར་མི་ཕོག་པ་བཅས་བྱེད་དགོས། དབྱར་དུས་ཐན་སྐམ་མ་བྱུང་བའི་དུས། 50%ཡི་ཕུན་ཅུན་ལིང་བརྟན་འགྱུར་རང་བཞིན་གྱི་སྨན་ཕྱེ་ལྡབ་1 500སྨན་ཆུ་གཏོར་དགོས། ཡང་ན་70%ཡི་ཏོའོ་ཅུན་ལིང་བརྟན་འགྱུར་རང་བཞིན་གྱི་སྨན་ཕྱེ་ལྡབ900སྨན་ཆུ་གཏོར་དགོས། ཡང་ན36% ཙྪ་ཅི་ལིའུ་ཅུན་ལིང་ཞོན་རྫུའུ་སྨན་ལྡབ600ཡི་སྨན་ཆུ་གཏོར་དགོས། སྔོང་ཐུན་ཇ་ཤིང་དང་འབུ་འཇོག་བྱེད་མི་རུང་བའི་ཇ་ཤིང་དུ0.6%～0.7%་རྗེ་ཐལ་ཕྱེད་ཙམ་གྱི་པོ་ཨའེ་ཏུའོ་སྨན་ཆུ་གཏོར་དགོས།

图7–9 茶赤叶斑病为害状
པར་རིས7-9 ཇ་ལོ་དམར་པོ་ཁྲ་ཐིག་ནད་ཀྱི་གནོད་འཚེའི་རྣམ་པ།

10. 苔藓

为害状：茶树苔藓是一种高等植物，为黄绿色青苔状或毛发状物，主要发生在阴湿衰老的茶园。苔藓多用假根附着在枝干上以吸收水分。茶树苔藓致使树皮褐腐，造成树势生长衰弱，严重影响茶芽萌发和新梢叶片生长，而且大量的苔藓植物体也会助长害虫繁殖并帮助其潜伏越冬（图7–10）。西藏部分茶园雨量充沛，苔藓产生的孢子经风雨传播、蔓延，在温暖潮湿的季节生长旺盛。老茶园树势衰弱，树皮粗糙，且茶园管理不当会导致通风性不强、杂草丛生、土壤黏重及湿气滞留，这些因素均有利于苔藓的生长。

防治方法：加强茶园管理，改善茶园通风透光条件，以改变茶园小气候，同时可以人工剥除病原体，合理科学用药达到综合防治目的。平时应注意及时清除茶园杂草，雨后及时开沟排水，防止湿气过重；合理修剪疏枝，清理丛脚，改善茶园小气候。可对产量较低的衰老茶树进行台刈，并适当施用堆肥或腐熟的有机肥，使茶树重发新枝，恢复生长；对成龄茶园进行合理采摘，保持茶树旺盛生长，提高抗病力；合理采用药物防治（2%硫酸亚铁溶液或10%～15%石灰水），效果显著。秋冬停止采茶期将草木灰浸出液煮沸以后进行浓缩，涂抹在地衣或者苔藓病部，可控制苔藓生长。

10. སྔོ་དྲེག

གནོད་འཚེའི་རྣམ་པ། ཇ་སྡོང་སྔོ་དྲེག་ནི་མཐོ་རིམ་རྩི་ཤིང་ཞིག་ཡིན་ལ། ཕྱི་དབྱིབས་ནི་ལྗང་མདོག་གི་སྔོ་དྲེག་གམ་སྤུ་དབྱིབས་ཀྱི་དངོས་པོ་ཞིག་ཡིན། གཙོ་བོར་བརྟན་ཞིང་རྒས་པའི་ཇ་སྡིང་ནང་དུ་ཡོད་ལ། མང་ཆེ་བ་ནི་རྩད་པ་སྙིང་དུ་འགྱུར་ནས་ཆུ་བསྡུ་ལེན་བྱེད་པ་ཡིན། ཇ་སྡོང་སྔོ་དྲེག་གིས་སྡོང་ཤུན་རུལ་དུ་བཙུག་ནས་སྡོང་ཤུན་སྐྱེ་འཚར་ཇེ་ཞན་དུ་གཏོང་བ་དང་། ཇ་ལོའི་སྨྱུ་གུ་འབུས་པ་དང་ཡལ་ག་གསར་པའི་ལོ་མ་སྐྱེ་འཚར་ལ་ཤུགས་རྐྱེན་ཆེན་པོ་ཐེབས་པ་མ་ཟད། སྔོ་དྲེག་རྩི་ཤིང་འདོར་ཆེན་གྱིས་གནོད་འབུའི་སྐྱེ་འཕེལ་དང་མི་མངོན་པར་དགུན་སྒྲོལ་ལ་ཕན་པ་ཡོད།（པར་རིས7-10）བོད་ལྗོངས་ཇ་སྡིང་ཁག་གཅིག་ལ་ཆར་ཆུ་འབེལ་པོ་ཡོད་པ་དང་སྔོ་དྲེག་ལས་བྱུང་བའི་ཐུམ་རྟུལ་དེ་ཆར་རླུང་བརྒྱུད་ནས་གང་སར་ཁྱབ་པ་དང་། དྲོད་ལྡན་བརྟན་བཤེར་གྱི་དུས་ཚིགས་སུ་སྐྱེ་འཚར་ལེགས་པོ་ཡོད། ཇ་སྡིང་རྙིང་པའི་སྡོང་སྟོབས་ཉམས་པ་དང་ཤིང་ཕྲུགས་རྩུབ་ལ། དུས་མཚུངས་སུ་ཇ་སྡིང་གི་དོ་དམ་ཡག་པོ་མ་བྱུང་བས་རླུང་མི་རྒྱུག་པ་དང་རྫ་ལྷུམ་སྐྱེས་པ། ས་རྒྱུའི་འགྱུར་ཤུགས་ཆེ་བ། བརྟན་རླུང་མི་ཐོར་བ་བཅས་ཀྱི་སྣང་ཚུལ་ཐོན་གྱི་ཡོད། རྒྱུ་རྐྱེན་འདི་དག་ཚང་མ་སྔོ་དྲེག་སྐྱེ་འཚར་ལ་ཕན་པ་ཡོད།

འགོག་བཅོས་བྱེད་ཐབས། ཇ་སྡིང་སྔོ་དྲེག་འགོག་བཅོས་བྱེད་པར་ཇ་སྡིང་གི་དོ་དམ་ལ་ཤུགས་སྣོན་རྒྱག་དགོས་པ་དང་། ཇ་སྡིང་གི་རླུང་རྒྱུག་དང་ཉི་འོད་འཕྲོ་བའི་ཆ་རྐྱེན་ཇེ་ལེགས་སུ་བཏང་སྟེ། ཇ་སྡིང་གི་གནམ་གཤིས་འགྱུར་ལྡོག་གཏོང་བ་དང་ཆབས་ཅིག་མི་ཐབས་ལ་བརྟེན་ནས་ནད་ཀྱི་འབྱུང་རྩ་མེད་པ་བཟོས་ཏེ། ལུགས་མཐུན་དང་ཚན་རིག་དང་མཐུན་པའི་ངང་སྨན་བེད་སྤྱོད་བྱས་ནས་ཕྱོགས་བསྡུས་འགོག་བཅོས་བྱེད་དགོས། དུས་རྒྱུན་དུ་དུས་ཐོག་ཏུ་ཇ་སྡིང་གི་རྩྭ་ལྷུམ་མེད་པར་བཟོ་རྒྱུར་དོ་སྣང་བྱེད་དགོས་པ་དང་། ཆར་རྗེས་དུས་ཐོག་ཏུ་ཀ་ཡུར་ཕྱེ་ནས་ཆུ་འབུད་དགོས་ཤིང་། བརྟན་བཤར

ཆེ་བ་ལའང་དོ་སྣང་བྱེད་དགོས་པ་དང་། ལུགས་མཐུན་དང་གཅོད་གཏུབ་བྱས་ནས་ཀང་ཚལ་གཙང་བཤེར་དང་། ཇ་གླིང་གི་གནམ་གཤིས་ཆུང་དུ་ཇེ་ལེགས་སུ་གཏོང་དགོས། ཇ་སྡོང་རྒྱས་པར་ཐོན་ཚད་ཅུང་དམའ་བའི་རྐྱེན་གྱིས་སྡོང་ཀང་གཅོད་གཏུབ་བྱེད་ཆོག་པ་མ་ཟད། ལུད་སྤུངས་པའམ་ཏུལ་བསྐལ་ཐེབས་པའི་སྐྱེ་ལྡན་ལུད་འོས་འཚམ་བསྣན་ནས། ཇ་སྡོང་ལ་ཡལ་ག་གསར་དུ་རྒྱས་པར་བྱས་ཏེ་སྐྱེ་འཚར་ལེགས་པོ་ཡོང་བར་བྱེད་དགོས། རྒྱུན་ལྡན་ཇ་གླིང་དུ་ལུགས་མཐུན་དང་འབྲུ་འཐོག་བྱས་ཏེ་ཇ་སྡོང་སྐྱེ་འཚར་ལེགས་པོ་ཡོང་བ་བྱས་ནས་ནད་འགོག་ནུས་པ་ཆེ་རུ་གཏོང་དགོས། ལུགས་མཐུན་སྔོས་སྨན་རྫས་སྤྱད་ནས་འགོག་བཅོས (2%ཟེ་སྦྱར་ལྷུགས་འཕྲིང་ཞུ་ཁུ་དང་10%～15%ཡི་རྗོ་ཐལ་ཆུ) ལ་ཕན་འབྲས་མངོན་གསལ་ལྡན་ལ། སྟོན་ཁ་དང་དགུན་ཁར་ཇ་ལོ་འབྲུ་འཐོག་མཚམས་འཇོག་དུས་རྩི་ཤིང་གི་ཐལ་བ་ཆུའི་ནང་དུ་སྦངས་ནས་བསྐོལ་རྗེས། སྤོ་དྲེག་ཁུལ་དུ་བྱུག་ནས་སྤོ་དྲེག་སྐྱེ་བར་ཚོད་འཛིན་བྱེད་དགོས།

图7-10 茶园苔藓为害状
པར་རིས7-10 ཇ་གླིང་སྤོ་དྲེག་གི་གནོད་འཚེའི་རྣམ་པ།

二、常见害虫及防治方法
གཉིས། ཇ་གླིང་གི་རྒྱུན་མཐོང་གནོད་འབུ་དང་འགོག་བཅོས་བྱེད་ཐབས།

1. 茶小绿叶蝉

发生规律与为害状：茶小绿叶蝉又称浮尘子、叶跳虫、小绿叶蝉，为茶树常见害虫。茶小绿叶蝉是不完全变态昆虫，完成1个世代要经历卵、若虫和成虫3个阶段。其1年发生8～12代，世代交替

ཆེན་བྱུང་ཚེ་སྐྱེ་དངོས་སྨན་གཏོར་ནས་འགོག་བཅོས་བྱེད་དགོས་པ་དང་། དགུན་དུས་ཇ་གསེབ་ལ་རྡི་ལིའུ་མཉམ་བསྲེས་སྨན1~2གཏོར་བའམ་ཡང་ན་2.5%ཡུས་ཟེང་ཐུང་འོ་མ་ལྡབ300སྨན་ཆུ་གཏོར་དགོས། ཡང་ན་སུའུ་ཡུན་ཅིན་དབྱུགས་སྲིན་སྨན་ལྡབ800སྨན་ཆུ་གཏོར་དགོས། སྤྱིར་བཏང་དུ་ཞིང་སྨན་བེད་སྤྱོད་བྱེད་པའི་གྲོས་གཞི་མི་འདོན་པ་དང་། བེད་སྤྱོད་བྱེད་སྐབས་འགོག་བཅོས་དམིགས་ཚད་ཚོད་འཛིན་ནན་མོ་བྱེད་དགོས།

图7–11　茶小绿叶蝉成虫及其为害状
པར་རིས7-11 ཇ་ལོའི་ལྗང་མདོག་འབུ་འཛིང་འཛིང་དང་གནོད་འཚེའི་རྣམ་པ།

2. 茶尺蠖

为害状：茶尺蠖是鳞翅目尺蠖蛾科昆虫，又名拱拱虫、量寸虫、寸梗虫、吊丝虫，是中国茶树的主要害虫之一。其以幼虫咬食叶片进行为害。1～2龄幼虫喜食茶丛蓬面嫩叶，主要食其表皮和叶肉，留下窗眼状孔洞；3龄幼虫自叶缘取食，造成缺刻；4龄幼虫食后仅留主脉；4龄后幼虫食量渐增，进入暴食期，可食尽全叶。严重发生时，可将叶片及嫩芽全部吃光，不仅影响当年茶叶产量，还导致树势衰退，使来年茶叶减产（图7–12）。

防治方法：影响茶尺蠖种群消长的主导因子是天敌，目前已发现的天敌有寄生蜂、蜘蛛、真菌、病毒及鸟类等，其中以绒茧蜂、病毒和真菌尤为重要。应尽量减少茶园喷药次数并种植其他树种以丰富生态多样性，保护和促进茶园中寄生性及捕食性天敌的繁殖，充分发挥天敌的自然控制作用；在越冬期结合茶园冬季管理，将茶树根际附近的落叶及表土清至行间深埋入土，可减轻来年的发生量；盛蛾期晨露未干时在茶园附近树干处寻找成蛾，进行捕杀；在发蛾期利用成虫趋光性，安装窄波LED灯等杀虫灯诱杀；成虫始发期每亩设置3～5套茶尺蠖性信息素诱芯及诱捕器；倡导使用生物药剂防治，喷施50%辛硫磷乳油或50%杀螟松乳油，或每亩用2.5%鱼藤酮乳油500倍液喷雾。在低龄幼虫期，每亩用每克含50亿～70亿个孢子的白僵菌粉500克稀释100倍液喷雾。在幼虫3龄前喷撒灰茶尺蠖核型多角体病毒剂，以每公顷喷1.5×10^{10} PIB多角体病毒剂为宜，喷雾器和用水量不限。一般不建议使用化学防治，若使用，要严格遵循防治指标施药。

2. ཇ་ལོའི་སྲིན་འབུ།

གནོད་འཚེའི་རྣམ་པ། ཇ་ལོའི་སྲིན་འབུ་ནི་གཤོག་སྒྲོ་ཅན་སྲི་ཚན་ལས་འབུ་མེ་ལྕེབ་ཚན་ཁག་གི་འབུ་སྲིན་ཞིག་ཡིན་ལ། མིང་གཞན་ལ་གཞུ་དབྱིབས་འབུ་དང་ཚུན་རིང་འབུ། ཚུན་ཐུང་འབུ། ཏེ་འོ་སི་འབུ་སོགས་ཀྱང་ཟེར། འདི་ནི་ཀྱང་གོ་ཇ་སྡོང་གི་གནོད་འབུ་གཙོ་བོ་ཞིག་ཡིན་ལ། འབུ་ཕྲུག་གིས་ལོ་མ་ལ་སོ་བཏབ་ནས་གནོད་སྐྱོན་བཟོ། ལོ1～2བར་གྱི་འབུ་ཕྲུག་གིས་ཇ་ལོའི་གསེབ་ཀྱི་ལོ་མ་གསར་བ་ཟ་རྒྱུར་དགའ་བ་དང་། དེའི་ཕྱི་ཤུན་དང་ལོ་ཤའི་རིགས་ཟ་རྒྱུར་དགའ་ཞིང་། སྐྱེའུ་ཁུང་དབྱིབས་ཀྱི་ཁུང་བུ་འཇོག་སྲིད། ལོ་3ཅན་གྱི་འབུ་ཕྲུག་གིས་ལོ་མའི་མཐའ་ནས་ཟས་བླངས་ཏེ་བཀོས་རིས་འཇོག་སྲིད། ལོ་4ཅན་གྱི་འབུ་ཕྲུག་གིས་ཟ་རྐང་གཅིག་པུ་ལས་ཡོད་ཚད་ཟ་བ་ཡིན། ལོ་4ཡི་རྗེས་སུ་ཟ་ཚད་རིམ་བཞིན་འཕར་ནས་ལོ་མ་ཆ་ཚང་པོ་ཟ་བ་ཡིན། ཚབས་ཆེ་བའི་སྐབས་སུ། ལོ་མ་དང་སྨྱུ་གུ་གསར་བ་ཡོད་ཚད་ཟོས་ན་ལོ་དེའི་ཇ་ལོའི་ཐོན་ཚད་ལ་ཤུགས་རྐྱེན་ཐེབས་པར་མ་ཟད། སྔོན་སྟོབས་ཉམས་ནས་ལོ་རྗེས་མའི་ཇ་ལོའི་ཐོན་ཚད་ཇེ་ཉུང་དུ་གཏོང་ཐུབ།（པར་རིས7-12）

འགོག་བཅོས་བྱེད་ཐབས། ཇ་ལོ་སྲིན་འབུ་རིགས་ཀྱི་སྐྱེ་འཚར་ལ་ཤུགས་རྐྱེན་ཐེབས་པའི་གཙོ་འགན་རྐྱེན་ཆ་ནི་དགྲ་ལྷ་ཡིན། མིག་སྔར་ཤེས་རྟོགས་བྱུང་བའི་དགྲ་ལྷ་ལ་གཞན་རྟེན་སྦྲང་མ་དང་སྡོམ། སྐར་སྲིན། ནད་དུག་བྱ་རིགས་སོགས་ཡོད། དེའི་ཁྲོད་ཀྱི་སྦུ་ལྡན་སྦྲང་མ་དང་ནད་དུག་སྐར་སྲིན་སོགས་ནི་ཤིན་ཏུ་གལ་ཆེ་བ་ཞིག་ཡིན། ཇ་ཤིང་དུ་སྨན་གཏོར་བའི་ཐེངས་གྲངས་དང་སྐྱེ་དངོས་སྨན་མང་རང་བཞིན་གྱི་ཤིང་རིགས་འདེབས་ཚད་ཇེ་ཉུང་དུ་གཏོང་གང་ཐུབ་བྱེད་པ་དང་། ཇ་ཤིང་གི་གཞན་བརྟེན་རང་བཞིན་དང་དགྲ་འཛིན་སྐྱེ་འཕེལ་ལ་སྲུང་སྐྱོང་དང་སྐྱུལ་འདེད་བྱས་ནས་དགྲ་ལྷ་རང་བྱུང་ཚོད་

འཛིན་གྱི་ནུས་པ་འདོན་སྤེལ་གང་ལེགས་བྱེད་དགོས། དགུན་སྒྲོལ་གྱི་དུས་སུ་ཇ་སྙིང་དགུན་དུས་དོ་དམ་དང་ཟུང་འབྲེལ་བྱས་ནས་ཇ་སྡོང་གི་རྩ་བ་དང་ཉེ་འཁོར་གྱི་ལོ་མ་ལྷུང་བ་དང་ས་ཟོས་གཙང་བཟོ་བྱས་ནས་ས་འོག་ཏུ་སྦས་ཚེ། ལོ་རྗེས་མའི་ཐོན་ཚད་ཇེ་ཉུང་དུ་གཏོང་ཐུབ། འབུ་སྲིན་མང་དུ་འཕེལ་བའི་དུས། ཇ་སྙིང་ཉེ་འཁོར་གི་འབུ་སྲིན་བཙལ་ནས་གསོད་དགོས། འབུ་ལྡེབ་དུས་སུ་འབུ་དར་མའི་འོད་འགྱུར་རང་བཞིན་བེད་སྤྱད་དེ། ཆབས་དོག་LEDགློག་སོགས་འབུ་གསོད་གློག་སྒྲོན་སྒྲིག་སྦྱོར་བྱེད་དགོས། འབུ་དར་མའི་དུས་སུ་ཐོག་མར་སྦུའུ་རེ་ཇ་ལོ་འབུ་སྲིན་ཆ་འཕྲིན་རྒྱ་སྡོད་དང་འཛིན་བཟུང་ཆས3~5ནས་འཛུག་དགོས། སྐྱེ་དངོས་སྨན་རྫས་སྤྱད་ནས་འགོག་བཅོས་བྱེད་པ་དར་སྤེལ་བྱས་ཏེ། 50%ཤིན་ཤིའུ་ཤིན་འོ་སྣུམ་གཏོར་བའམ་50%སྨུག་གཟན་གསོད་སོན་སྣུམ་གཏོར་བ། ཡང་ན་སྦུའུ་རེར་2.5%ཡུས་ཐེང་ཐུང་འོ་སྣུམ་ལྷབ་500སྨན་ཆུ་གཏོར་དགོས། ལོ་ན་དམའ་བའི་འབུ་ཕྲུག་གི་དུས་སུ་སྦུའུ་རེར་ཁེ་དུང་ཕྱུར་50~70ཡི་འཕེལ་ཕུང་ལྡན་པའི་ཏུལ་འབུ་ཕྱེ་མ་ཁེ་500ལྷབ100ཡི་སྨན་ཆུ་གཏོར་དགོས། འབུ་ཕྲུག་ལོ3སྟོན་ལ་ཐལ་ཇ་ལོ་སྲིན་འབུ་ཉིང་ཅན་གྱི་ནྲ་མང་ནད་དུག་སྨན་གཏོར་བ་དང་། སྤྱི་ཚིང་རེར་སྨན་ 1.5×10^{10} PIB གཏོར་ན་འཚམ་པོ་ཡོད་ཅིང་། སྨན་ཆུ་གཏོར་བྱེད་འཕྲུལ་ཆས་དང་ཆུ་སྤྱོད་ཚད་ལ་ཚོད་འཛིན་མེད། སྤྱིར་བཏང་དུ་རྫས་འགྱུར་ཞིང་སྨན་གྱིས་འགོག་བཅོས་བྱེད་པའི་གྲོས་གཞི་མི་འདོན་པ་དང་། བེད་སྤྱོད་སྐབས་གཟབ་ནན་གྱིས་འགོག་བཅོས་དམིགས་ཚད་ཚོད་འཛིན་བྱ་དགོས།

图7–12　茶尺蠖幼虫及其为害状
པར་རིས7-12　ཇ་ཁྲི་འབུ་འབུ་ཕྲུག་དང་དེའི་གནོད་འཚེ་རྣམ་པ།

3. 茶角胸叶甲

发生规律与为害状：茶角胸叶甲又称黑足角胸叶甲，属鞘翅目，为完全变态昆虫，完成1个世代需要经历卵、幼虫、蛹和成虫4个阶段。茶角胸叶甲1年发生1代，以老熟幼虫在茶树根际圆形土室内越冬，越冬期较长，为11月至翌年4月。成虫具假死性，受惊扰即刻掉落地面，飞行能力强，畏强光。幼虫取食茶树根系，成虫取食茶树新梢、嫩叶和成叶，受害叶片上呈数个小孔，后期多个小孔连成一片呈不规则形大洞，严重时可致整片茶园的叶片千疮百孔，影响茶树正常生长（图7–13）。

防治方法：茶角胸叶甲可通过农业防治、物理防治和生物防治等手段综合防治，将虫口数控制在一定范围内。在成虫盛发期，利用成虫假死性，将涂有黏着剂的薄膜摊放在茶丛下，用小竹竿轻拍树冠以振落成虫，集中消灭；结合早春或冬季清园、浅翻土壤，用白僵菌、苏云金芽孢杆菌处理土壤，减少越冬幼虫数；利用天敌友好型色板诱杀成虫；铺草覆盖，保护和利用天敌如茶园的鸟类、蚂蚁、步甲等，能有效控制害虫发生。倡导使用生物药剂防治，每亩用每克含50亿～70亿个孢子的白僵菌粉500克稀释100倍液喷雾，或将150毫升苏云金芽孢杆菌稀释成300倍液喷雾。一般不建议使用化学防治，若使用，要严格遵循防治指标施药。

3. ཇ་ལོའི་བྲང་ཟུར་ཁྲབ་འབུ།

བྱུང་བའི་ཆོས་ཉིད་དང་གནོད་འཚེའི་རྣམ་པ། ཇ་ལོའི་བྲང་ཟུར་ཁྲབ་འབུ་ལ་སྲུག་ནག་བྲང་ཟུར་ཁྲབ་འབུའང་ཟེར། དེ་ནི་གཤོག་སྒྲབ་ཅན་གྱི་རིགས་སུ་གཏོགས། དེ་ནི་དཔྱིཔས་འགྱུར་བྱུང་བའི་འབུ་སྲིན་ཡིན། རབས་གཅིག་འགྲུབ་དགོས་ན་སྒོ་ང་དང་འབུ་ཕྲུག འབུ་ཕྲུམ། དར་འབུ་བཅས་དུས་རིམ་བཞི་བརྒྱུད་དགོས། ཇ་ལོ་བྲང་ཟུར་ཁྲབ་འབུ་ལོ་གཅིག་ལ་རབས་གཅིག་བྱུང་བ་དང་། རྒས་སྨིན་གྱི་འབུ་ཕྲུག་གིས་ཇ་སྡོང་རྩད་པར་སྐོར་དབྱིབས་ཀྱི་ས་རྒྱུའི་ནང་དུ་དགུན་སྐྱོལ་བ་ཡིན། དགུན་སྐྱོལ་དུས་ཡུན་ནི་ཟླ་11པ་ནས་ཕྱི་ལོའི་ཟླ་4པའི་བར་ཡིན། དར་འབུ་ལ་རྫུན་ཤི་རང་བཞིན་ལྡན་པས། བར་ཆད་བྱུང་ཚེ་ས་ཐོག་ཏུ་ལྷུང་བ་དང་། འཕུར་སྐྱོད་ཀྱི་ནུས་པ་ཆེ་བ། འོད་དྲག་པར་འཇིགས་པ་ཡིན། འབུ་ཕྲུག་གིས་ཇ་སྡོང་གི་རྩ་ལག་ཟ་བ་དང་། འབུ་ཆེན་གྱིས་ཇ་སྡོང་གི་ཡལ་ག་གསར་པ་དང་ལོ་མ་གསར་པ། རྒྱུན་ལྡན་ལོ་མ་བཅས་ཟ་བ་དང་། ལོ་མ་ལ་སོ་བཏབ་ནས་ཁུང་བུ་ཆུང་ཆུང་མང་པོ་བཟོ་སྲིད། དུས་མཇུག་ལ་ཁུང་བུ་མང་པོ་ཞིག་ཡུག་གཅིག་ཏུ་སྦྲེལ་ནས་དབྱིབས་ངེས་མེད་ཀྱི་དོང་ཆེན་དུ་ཆགས་པ་དང་། ཚབས་ཆེ་བའི་སྐབས་སུ་ཇ་ཤིང་གི་ལོ་མ་ཧྲིལ་པོར་རྨ་ཁ་ཐོག་ཅིང་། ཇ་སྡོང་རྒྱུན་ལྡན་ངང་སྐྱེ་འཚར་ཡོང་བར་ཤུགས་རྐྱེན་ཐེབས་ཀྱི་ཡོད། (པར་རིས7-13)

འགོག་བཅོས་བྱེད་ཐབས། ཇ་ལོའི་བྲང་ཟུར་ཁྲབ་འབུ་ནི་ཞིང་ལས་འགོག་བཅོས་དང་དངོས་ལུགས་འགོག་བཅོས། སྐྱེ་དངོས་འགོག་བཅོས་སོགས་ཀྱི་བྱེད་ཐབས་སྤྱད་དེ་ཕྱོགས་བསྡུས་ངང་འགོག་

བཅོས་བྱས་ཏེ། འབུ་ཁ་གྲངས་དེ་ཁྱབ་ཁོངས་ངེས་ཅན་ཞིག་ཏུ་ཚོད་འཛིན་བྱེད་དགོས། འབུ་དར་མའི་དུས་སུ། དར་འབུའི་རྫུན་ཤི་རང་བཞིན་བེད་སྤྱད་དེ། འཁྲུར་རྫས་བྱུགས་པའི་སྐྱི་མོ་ཇ་ལོའི་གསེབ་ཏུ་བཞག་ནས། སྒྲུག་མའི་དབྱུག་པས་ཇ་སྡོང་ཡང་མོར་རྡེབ་ནས་འབུ་རྣམས་ལྷུང་དུ་བཅུག་སྟེ། གཅིག་བསྡུས་ཀྱིས་ཚར་དུ་གཅོད་བྱེད་དགོས། དཔྱིད་མགོའི་དུས་སམ་དགུན་དུས་ཀྱི་ཇ་གླིང་གཙང་སེལ་དང་ས་རྒྱ་གཏིང་སློག་དང་ཟུང་འབྲེལ་བྱས་ཏེ། འབུ་ཕྲ་དཀར་པོ་དང་སུའུ་ཡུན་ཅིན་དབྱུགས་སྦྱིན་གྱིས་ས་རྒྱ་ཐག་གཅོད་བྱས་ནས། དགུན་སྒྲོལ་འབུ་ཕྲུག་གི་གྲངས་ཀ་ཇེ་ཉུང་དུ་གཏོང་དགོས། དགྲ་ཟླ་མཛའ་མཐུན་ཅན་གྱི་ཁ་དོག་པང་ལེབ་སྤྱད་ནས་འབུ་སྲིན་བསླུས་ཏེ་གསོད་དགོས་པ་དང་། རྩ་ཁེབས་བཀབ་ནས་སྲུང་སྐྱོབ་དང་རང་བྱུང་དགྲ་བོ་བེད་སྤྱོད་བྱས་ཆོ། ཇ་གླིང་གི་བྱ་རིགས་དང་གྲོག་མ། གོམ་པའི་ཁྲབ་འབུ་རིགས་བཅས་ཀྱིས་གནོད་འབུ་འབྱུང་བར་ཚོད་འཛིན་ནུས་ལྡན་བྱེད་ཐུབ། སྐྱེ་དངོས་སྨན་རྫས་སྤྱད་ནས་འགོག་བཅོས་བྱེད་པ་དར་སྤེལ་བྱས་ཏེ། སུའུ་རེར་ཁི་དུང་ཕྱུར་50~70ཡི་འཕེལ་ཕུང་ལྡན་པའི་འབུ་ཕྲའི་ཕྱེ་མ་དཀར་པོ་ཁ་500སླ་རུ་བཏང་བའི་ལྡབ་100ཡི་སྨན་ཆུ་གཏོར་བའམ་ཡང་ན་སུའུ་ཡུན་ཅིན་དབྱུགས་སྦྱིན་ཏའོ་རྫིང་150སླ་པོར་བཟོས་ནས་ལྡབ་300ཡི་སྨན་ཆུ་དུ་བསྒྱུར་དགོས། ཕྱིར་བཏང་དུ་རྫས་འགྱུར་ཞིང་སྨན་གྱིས་འགོག་བཅོས་བྱེད་པའི་གྲོས་གཞི་མི་འདོན་པ་དང་། བེད་སྤྱོད་སྐབས་གཟབ་ནན་གྱིས་འགོག་བཅོས་དམིགས་ཚད་ཚོད་འཛིན་བྱ་དགོས།

图7–13　茶角胸叶甲为害状

པར་རིས7-13　ཇ་ལོའི་བྲང་ཟུར་ཁྲབ་འབུའི་གནོད་འཚེའི་རྣམ་པ།

4. 黑刺粉虱

为害状：黑刺粉虱是半翅目粉虱科刺粉虱属昆虫，又称橘刺粉虱、刺粉虱，为完全变态昆虫。其幼虫吸取叶片背面汁液并排泄蜜露为害茶树，且蜜露会招致霉菌滋生，形成煤烟病，严重时整片茶园漆黑一片。枝叶和果实表面会覆盖一黑色霉层，导致茶树无法正常进行光合作用，受害树枝叶抽发短小而少，叶片失去光泽。严重为害时叶片干枯、脱落，树势衰弱，影响茶叶产量和品质（图7–14）。成虫晴天活跃，对黄色具有趋性，可悬挂黄色色板诱集。黑刺粉虱在荫蔽潮湿的环境发生较严重，窝风、向阳、洼地型的茶园发生数量较多。

防治方法：黑刺粉虱的防治应从生态环境和农业防治方面综合进行，将虫口数控制在一定范围内。应合理密植，加强通风管理，冬剪时注意修剪侧枝和剪除病枝；保护天敌寄生蜂、捕食性瓢虫、寄生性真菌的生长繁殖环境，利用天敌自然防控；成虫有趋光性，可使用灯光诱杀。倡导使用生物药剂防治，用50%辛硫磷乳油1 000倍液喷雾，或用25%扑虱灵乳油1 000倍液喷雾。在卵孵化盛末期，用粉虱座壳孢喷雾，或用0.5%印楝素乳油2 000倍液喷雾，或每亩用韦伯虫座孢菌粉1千克喷施。一般不建议使用化学防治，若使用，要严格遵循防治指标施药。

4. ཚེར་ནག་ཕྱེ་ཤིག་

བྱུང་བའི་ཆོས་ཉིད་དང་གནོད་འཚེའི་རྣམ་པ། ཚེར་ནག་ཏུལ་ཤིག་ནི་གཤོག་ཕྱེད་ཅན་གྱི་ཏུལ་ཤིག་སྤེ་ཚན་ཁོངས་ཀྱི་འབུ་སྲིན་ཞིག་ཡིན་ལ། དེའི་མིང་གཞན་ལ་དམར་སྐྱ་ཏུལ་ཤིག་དང་ཚེར་མའི་ཏུལ་ཤིག་ཀྱང་ཟེར། དེ་ནི་དབྱིབས་འགྱུར་བྱུང་བའི་འབུ་སྲིན་ཡིན། རབས་གཅིག་འགྲུབ་པར་སྒོ་ང་དང་འབུ་ཕྲུག འབུ་ཐུམ། འབུ་དར་མ་བཅས་དུས་རིམ་བཞི་བརྒྱུད་དགོས། འབུ་ཕྲུག་གིས་ལོ་མའི་རྒྱབ་ངོས་ཀྱི་ཁུ་བ་འཇིབ་པ་མ་ཟད། གཅིན་གཤེར་གཏོར་ནས་ཇ་སྡོང་ལ་གནོད་པ་གཏོང་བ་ཡིན། གཞན་གཅིན་གཤེར་ལས་འབུ་སྦྲ་མང་དུ་བསྐྱེད་དེ་སོལ་དུ་ནད་ཆགས་པ་རེད། ཚབས་ཆེ་བའི་སྐབས་སུ་ཇ་ཤིང་རྫིང་པོ་ནག་པོར་གྱུར་སྲིད། ཡལ་འདབ་དང་འབྲས་བུའི་ཕྱི་ངོས་སུ་ནག་པའི་ཏུལ་རིམ་ཞིག་བཀབ་ཡོད་པ་དང་། ཇ་སྡོང་གིས་རྒྱུན་ལྡན་གྱི་འོད་སྦྱོར་བྱེད་ལས་སྤེལ་མི་ཐུབ་ལ། གནོད་འཚེ་ཐེབས་པའི་ཡལ་ག་དང་ལོ་མ་ཐུང་ཞིང་ཉུང་། དེ་མིན་ལོ་མའི་བཀྲག་མདངས་ཤོར་སྲིད། གནོད་པ་ཚབས་ཆེན་ཐེབས་པའི་དུས་སུ་ལོ་མ་སྐམ་པའམ་ལྷུང་བ། སྡོང་སྟོབས་ཉམས་པ། ཇ་ལོའི་ཐོན་ཚད་དང་སྤུས་ཀར་གནོད་པ་ཡིན།（པར་རིས7-14）འབུ་དར་མ་ནི་གནམ་དྭངས་དུས་འཕྲུག་ཆ་དོད་པ་དང་། སེར་པོ་ལ་ཕྱོགས་པའི་རང་བཞིན་ལྡན་པས། ཁ་དོག་སེར་པོ་ཅན་གྱི་པང་ལེབ་བཀལ་ནས་བསྡུ་སྡིད་བྱེད་ཆོག ཚེར་ནག་ཏུལ་

ཤིག་ནི་གསང་སྐོག་བརྟན་བཤེར་གྱི་ཁོར་ཡུག་ནང་མང་པོ་ཐོན་པ་དང་། དམའ་གནས་ཀྱི་ཇ་གླིང་ལ་ཐེབས་པའི་སྲིད་ཕྱོད་མཐོ།

འགོག་བཅོས་བྱེད་ཐབས། ཚེར་ནག་རྡུལ་ཤིག་འགོག་བཅོས་བྱེད་རྒྱུར་སྐྱེ་ཁམས་ཁོར་ཡུག་དང་ཞིང་ལས་འགོག་བཅོས་ཐད་ནས་ཕྱོགས་བསྡུས་འགོག་བཅོས་བྱས་ཏེ། གནོད་འབུ་ཁ་གྲངས་དེ་ཁྱབ་ཁོངས་ངེས་ཅན་ཞིག་ཏུ་ཚོད་འཛིན་བྱེད་དགོས། ཇ་སྡོང་འཛུགས་ཚད་འོས་འཚམ་དང་ལྷུང་རྒྱུག་དོ་དམ་ལ་ཤུགས་སྣོན་བྱེད་པ། དགུན་དུས་གཙོད་གཏུབ་ཀྱི་སྐབས་གཞོགས་ངོས་ཀྱི་ཡལ་ག་དང་ནད་ཐོག་པའི་ཡལ་ག་གཏུབ་པར་དོ་སྣང་བྱེད་དགོས། རང་བྱུང་དགྲ་ལྷ་གཞན་བརྟེན་སྦྲང་མ་དང་ལྗོ་ཟན་རང་བཞིན་གྱི་འབུ་སྲིན། གཞན་བརྟེན་རང་བཞིན་གྱི་འབུ་སྦྲ་སྐྱེ་འཕེལ་ཁོར་ཡུག་བཅས་ལ་སྲུང་སྐྱོབ་དང་། རང་བྱུང་དགྲ་ལྷའི་ནུས་འགོག་ཚོད་འཛིན་བེད་སྤྱོད་བྱེད་པ། འབུ་དར་མ་ལ་འོད་ཞེན་རང་བཞིན་ལྡན་པས་གློག་འོད་ལ་བརྟེན་ནས་གསོད་དགོས། སྐྱེ་དངོས་སྨན་རྫས་སྤྱད་ནས་འགོག་བཅོས་བྱེད་པ་དང་སྤྱིལ་བྱས་ཏེ། 50%ཡི་ཤིན་ལིའུ་ལིན་འོ་སྐྱུམ་ལྷུབ1 000གྱི་སྨན་ཆུ་གཏོར་བའམ་ཡང་ན་25%ཡི་ཕུ་ཤིག་ལིང་འོ་སྐྱུམ་ལྷུབ་1 000གྱི་སྨན་ཆུ་གཏོར་བ། སྔོ་ང་ཡིན་པའི་དུས་སུ། རྡུལ་ཤིག་གི་སྐོགས་ཤུན་ཐུམ་ཕྱེ་གཏོར་བའམ་ཡང་ན་0.5%ཡི་དབྱིན་ལེན་འོ་མའི་སྐྱུམ་ལྷུབ་2 000གྱི་གཤེར་ཁུ་གཏོར་བ་དང་། ཡང་ན་མུའུ་རེར་ཕེ་པོ་འབུ་ཅའོ་ཐུམ་སྲིན་ཕྱེ་ཁེ་1གཏོར་དགོས། སྤྱིར་བཏང་དུ་ཞིང་སྨན་བེད་སྤྱོད་བྱེད་པའི་གྲོས་གཞི་མི་འདོན་པ་དང་། བེད་སྤྱོད་སྐབས་འགོག་བཅོས་དམིགས་ཚད་ཚོད་འཛིན་ནན་མོ་བྱེད་དགོས།

图7-14 黑刺粉虱为害状

པར་རིས7-14 ཚེར་ནག་རྡུལ་ཤིག་གི་གནོད་འཚེའི་རྣམ་པ།

5. 茶橙瘿螨

发生规律与为害状：茶橙瘿螨又名茶刺叶瘿螨、茶锈壁虱、斯氏小叶瘿螨，为不完全变态昆虫。1年发生20余代，世代重叠严重，1年有2个明显的发生高峰期，分别为5月中旬至6月下旬和8—10月高温干旱季节。日平均气温升至10℃以上时，开始活动和繁殖，最适温度18～25℃，干旱少雨气候会加重该虫发生。其成螨、幼螨和若螨吸食叶背面汁液，对茶树造成危害。受害严重时，叶背面呈现黄褐色锈斑甚至褐色锈斑，叶脉变红，叶片失去光泽，芽叶萎缩，整片茶园呈铜红色，状似火烧，后期叶片大量脱落（图7–15）。

防治方法：茶橙瘿螨的防治应从农业防治和生物防治方面综合进行。加强茶园管理，在虫害发生早期，及时分批采摘可有效防控其大量发生；及时疏枝和剪除病枝，铲除茶园杂草，盛发期应及时清除落叶，减少虫口数量；加强肥水管理，干旱季节应多喷水，增加茶园湿度。倡导使用生物药剂防治，可用15%扫螨净乳油2 000倍液喷雾，或用73%克螨特乳油1 500倍液喷雾，秋茶采摘后用45%石硫合剂晶体250克加水75千克喷雾清园。一般不建议使用化学防治，若使用，要严格遵循防治指标施药。

5. ཇ་ལོའི་དམར་སྐྲ་གཡན་འབུ།

བྱུང་བའི་ཆོས་ཉིད་དང་གནོད་འཚེའི་རྣམ་པ། ཇ་ལོའི་དམར་སྐྲ་གཡན་འབུ་ལ་ཇ་དུག་འབུ་དང་ཇ་ལོ་བཙའ་ངོས་ཞིག་སེ་རྫེ་འདབ་ཚུང་གཡན་འབུ་བཅས་ཟེར། དེ་ནི་དབྱིབས་འགྱུར་བྱུང་བའི་འབུ་སྲིན་ཡིན། རབས་གཅིག་འཕྲུལ་དགོས་ཚེ་སྒོ་ང་དང་འབྲུ་ཕྲུག་འབུ་དར་མ་བཅས་དུས་རིམ་གསུམ་བརྒྱུད་དགོས། ལོ་གཅིག་གི་ནང་དུ་རབས་20ལྷག་བྱུང་ལ། རབས་དང་རབས་ལ་རིམ་རྩིག་བྱུང་བ་ཚབས་ཆེ། ལོ་རྗེས་བོར་མངོན་གསལ་དོད་པའི་མཐོ་རླབས་ཐེངས་གཉིས་བྱུང་ཞིང་། སོ་སོ་ནི་ཟླ་5ཟླ་དཀྱིལ་ནས་ཟླ་6ཟླ་སྨད་དང་ཟླ་8—10ཟླའི་ཚད་མཐོ་བའི་ཐན་པ་བྱུང་བའི་དུས་ཚིགས་ཡིན། ཉིན་རེར་ཆ་སྙོམས་དྲོད་ཚད་10℃ཡན་དུ་སླེབས་ཚེ། འགུལ་སྐྱོད་དང་རྒྱུད་སྤེལ་བྱེད་འགོ་བཙུགས་ལ། དྲོད་ཚད་ཆེས་འཚམ་པོས་ནི་18～25℃ཡིན་པ་དང་། ཐན་སྐམ་དང་ཆར་ཆུ་ཉུང་བའི་གནམ་གཤིས་ལ་ཇེ་མང་དུ་འཕེལ་སྲིད། འབུ་དར་མ་དང་འབུ་ཕྲུག་འབུ་ཐུ་ཚང་མ་ལོ་མ་རྒྱབ་ངོས་ཀྱི་ཁུ་བ་འཐེབ་ནས་ཇ་སྡོང་ལ་གནོད་འཚེ་བཟོ། གནོད་འཚེ་ཚབས་ཆེན་ཐེག་སྐབས་ལོ་མའི་རྒྱབ་ངོས་སུ་བཙའ་ཁྲ་སེར་པོ་དང་ཐ་ན་བཙའ་ཁྲ་ཐིག་ཐོན་ལ། ལོ་མའི་རྩད་པ་དམར་པོར་འགྱུར། ལོ་མའི་བཀྲག་མདངས་ཉམས་ལ། སྨྱུ་གུ་ཇེ་ཆུང་དུ་འགྲོ་ཞིང་ཇ་ཤིང་རྫིང་ཚལ་ཟངས་དམར་དུ་གྱུར་ནས། རྣམ་པ་མེ་སྲེག་དང་འདྲ། དུས་མཇུག་ཏུ་ལོ་མ་མང་པོ་ལྷུང་སྲིད།（པར་རིས7-15）

འགོག་བཅོས་བྱེད་ཐབས། ཇ་ལོའི་དམར་སྐྲ་གཡན་འབུ་འགོག་བཅོས་དེ་ཞིང་ལས་འགོག་བཅོས་དང་སྐྱེ་དངོས་འགོག་བཅོས་ལ་བརྟེན་དགོས། ཇ་ཤིང་ཚལ་དོ་དམ་ལ་ཤུགས་སྣོན་བརྒྱབ་ནས་དུས་

གཏོང་དགོས། གནོད་སྐྱོན་ཚབས་ཆེ་བའམ་གནོད་འབུ་ཙུང་མང་བའི་ཇ་ཚོམ་ལ་སྐབས་བདེའི་གཙོད་གཏུབ་དང་ཞིབ་མོའི་གཙོད་གཏུབ་བྱེད་དགོས་ལ། གཏུབ་པའི་ཡལ་ག་དང་ལོ་མ་ལྷུམ་རའི་ཕྱི་ལ་འཕྱེར་ནས་གཅིག་བསྡུས་ཀྱིས་ཐག་གཙོད་བྱེད་དགོས། ཇ་གླིང་གི་རྫས་འགྱུར་ཞིང་སྨན་སྦྱོད་ཚད་ཇེ་ཉུང་དུ་བཏང་ནས་གཞན་རྟེན་སྲུང་མ་དང་ལྷོ་ཟན་རང་བཞིན་གྱི་དགྲ་ཟླར་སྲུང་སྐྱོབ་བྱེད་པ་དང་། ཇ་གླིང་གི་མཐའ་འཁོར་དང་ཇ་གླིང་ནང་དུ་ཇ་འདེབས་རྒྱུར་མི་འཚམ་པའི་ས་སྟོང་དུ་ཤིང་འཛུགས་ནགས་བཟོ་བྱས་ནས་སྐྱེ་དངོས་ཀྱི་སྣ་མང་དུ་བཏང་སྟེ། ཇ་གླིང་གི་སྟོད་བཅུད་དོ་སྙོམས་ཡོང་བ་བྱེད་དགོས། འབུ་དར་མའི་དུས་སུ་ཇ་གླིང་ནང་དུ་རླབས་ཚུང་LEDསྒྲོག་སོགས་འབུ་གསོད་སྒྲོག་སྒྲོན་བསྐར་ནས་གནོད་འབུ་བསད་དགོས་ལ། རབས་རྗེས་མའི་འབུ་ཕྲུག་ཐོན་ཚད་ཇེ་ཉུང་དུ་གཏོང་དགོས། དེ་མིན་ཆགས་སྦྱོད་འཕྲིད་བྱེད་ཇུས་ཀྱིས་ཕོ་འབུ་བསད་ནས། འབུ་མོ་ལྡེབ་ཀྱིས་སྦེབ་སྦྱོར་བྱེད་པ་ཇེ་ཉུང་དུ་བཏང་སྟེ། ཇ་གླིང་ནང་གི་སྒོ་ངའི་ཚད་ཚོད་འཛིན་བྱེད་དགོས། སྐྱེ་དངོས་ཀྱི་སྨན་ཇུས་སྤྱད་དེ་འགོག་བཅོས་བྱ་རྒྱུ་དང་སྤེལ་གཏོང་དགོས། ལོ་ཚོད་དམའ་མོའི་འབུ་ཕྲུག་འབྱུང་བའི་དུས་སུ། ཁེ་1རེར་འབུ་གསོད་ཇུས་དུང་ཕྱུར་གཅིག་འདུས་པའི་འབུ་གཟན་གསོད་སྲིན་སམ་འབུ་སྦོན་གསོད་སྲིན་གཏོར་དགོས། ཡང་ན2.5%ཉ་སྲ་ཐུང་འོ་སྨུམ་ལྡབ་300ཡི་སྨན་ཆུ་གཏོར་བ་དང་། ཡང་ན་20%ཡི་ཤི་ཏུའོ་ལྕེ་འོ་སྨུམ་ལྡབ1 500ཡི་སྨན་ཆུ་གཏོར་བ། ཡང་ན་5%ཡི་རྫུ་ལིང་ལྡབ2 500ཡི་སྨན་ཆུ་གཏོར་དགོས། ཕྱིར་བཏང་དུ་ཇུས་འགྱུར་ཞིང་སྨན་གྱིས་འགོག་བཅོས་བྱེད་པའི་གྲོས་གཞི་མི་འདོན་པ་དང་། བེད་སྤྱོད་སྐབས་གཟབ་ནན་གྱིས་འགོག་བཅོས་དམིགས་ཚད་ཚོད་འཛིན་བྱ་དགོས།

图7–16　茶白囊蓑蛾幼虫及其为害状

པར་རིས7-16 ཇ་ལོའི་དཀར་མདོག་འབུ་མེ་ལྡེབ་འབུ་ཕྲུག་དང་གནོད་འཚེའི་རྣམ་པ།

7. 茶叶斑蛾

为害状：茶叶斑蛾又名黄痒辣子、茶斑蛾，属鳞翅目斑蛾科，是茶树叶部的害虫之一，为完全变态昆虫。其以幼虫食茶树叶片为害（图7–17）。低龄幼虫仅取食叶片下表皮及叶肉，残留上表皮，被害叶有不规则形的黄色枯斑，形成半透明状枯黄色薄膜。3龄后幼虫蚕食全叶，仅留主脉和叶柄，也有食至半叶，即转叶为害，大面积发生时可致茶树光秃，严重影响茶叶产量。

防治方法：茶叶斑蛾的防治应从农业防治和生物防治方面综合进行。加强茶园管理，摘除蛹茧，清除茶丛根际落叶，深埋入土；结合耕作进行根际培土，扼杀越冬幼虫；结合中耕除草，及时振落幼虫进行捕杀；实施生境管理，增加生物多样性，茶园中心可间作乔木，招引鸟类，充分发挥自然天敌的控制作用，创造优良的生态环境；在成虫羽化期，在茶园安装窄波LED灯等杀虫灯诱杀，减少下一代幼虫发生量；在田间点灯诱杀成虫，减少田间发生量。倡导使用生物药剂防治，用青虫菌、杀螟杆菌和苏云金芽孢杆菌制剂300倍液喷雾，或用0.6%苦参碱乳油1 000倍液喷雾。一般不建议使用化学防治，若使用，要严格遵循防治指标施药。

7. ཇ་ལོའི་ཁྲ་མདོག་འབུ་མེ་ལྕེབ།

གནོད་འཚེའི་རྣམ་པ། ཇ་ལོའི་ཁྲ་མདོག་འབུ་མེ་ལྕེབ་ལ་ཟ་འཕྲུག་ཁ་ཚ་དང་ཇ་ལོའི་ཁྲ་ཐིག་འབུ་མེ་ལྕེབ་སོགས་ཀྱང་ཟེར། འབུ་མེ་ལྕེབ་ཚན་ཁག་གི་འབུ་སྲིན་ཞིག་ཡིན་ལ། དེ་ཉི་ང་ལོའི་ལོ་འདབ་ལ་གནོད་པའི་འབུ་ཞིག་ཡིན། ཇ་ལོའི་ཁྲ་མདོག་འབུ་མེ་ལྕེབ་ནི་དབྱིབས་འགྱུར་བྱུང་བའི་འབུ་སྲིན་ཡིན། རབས་གཅིག་གི་ནང་དུ་སྒོ་ང་དང་འབུ་ཕྲུག（པར་རིས7-17）འབུ་དར་མ། འབུ་ཐུམ་བཅས་དུས་རིམ་བཞི་བརྒྱུད་དགོས། འབུ་ཕྲུག་གིས་ཇ་སྡོང་གི་ལོ་མ་འཛིབ་ནས་གནོད་འཚེ་གཏོང་ལ། འབུ་ཕྲུག་ཆུང་ཤས་ཀྱི་ལོ་མའི་འོག་གི་ཕྱི་ཤུན་དང་ལོ་མ་ཟ་བ་དང་། ཕྱི་ཤུན་ལ་ཤུལ་ཡོད་པ་དང་། གནོད་འཚེ་ཐེབས་པའི་ལོ་མ་ལ་དབྱིབས་ངེས་མེད་ཀྱི་མདོག་སེར་སྐམ་ཁྲ་ཐིག་ཡོད་པས། གསལ་ལ་མི་གསལ་བའི་དབྱིབས་ཀྱི་མདོག་སེར་སྲབ་ཆགས་པ་ཡིན། ལོ་3ལོན་པའི་འབུ་ཕྲུག་གིས་ལོ་མ་ཧྲིལ་པོ་ཟ་བ་དང་། རྩ་བ་གཙོ་བོ་དང་ལོ་རྐང་ཁོ་ན་འཇོག དེ་མིན་ལོ་མ་ཕྱེད་ཀ་ཟོས་རྗེས་ལོ་མ་བརྗེ་བའི་གནོད་འཚེའང་ཡོད། ཚབས་ཆེ་བའི་སྐབས་སུ་ཇ་སྡོང་སྟོང་པར་གྱུར་པ་དང་། ཇ་ལོའི་ཐོན་ཚད་ལ་ཤུགས་རྐྱེན་ཆེན་པོ་བཟོ་སྲིད།

འགོག་བཅོས་བྱེད་ཐབས། ཇ་ལོའི་ཁྲ་མདོག་འབུ་མེ་ལྕེབ་ཀྱི་འགོག་བཅོས་དེ་ཞིང་ལས་འགོག་བཅོས་དང་སྐྱེ་དངོས་འགོག་བཅོས་ཕྱོགས་བསྡུས་ནས་འགོག་བཅོས་བྱེད་དགོས། ཇ་ཤིང་དོ་དམ་ལ་ཤུགས་སྣོན་དང་། འབུ་ཐུམ་འཐོག་པ། ཇ་ལོའི་རྩ་བར་ལྷུང་བའི་ལོ་མ་གཙང་སེལ་བཅས་བྱས་ཏེ་ས་

གཏིང་དུ་སྦས་པ་དང་། ཚོ་འདེབས་དང་ཟུང་དུ་འབྲེལ་ནས་རྩ་བར་ས་སློན་བྱས་ཏེ་དགུན་སྲོལ་འབུ་ཕྲུག་གསོད་དགོས། དེ་མིན་རྩྭ་ལྷུམ་མེད་པར་བཟོས་པ་དང་འབྲེལ་ནས་དུས་ཐོག་ཏུ་འབུ་ཕྲུག་གསོད་པ། སྐྱེ་དངོས་ཀྱི་སྣ་མང་རང་བཞིན་མང་དུ་གཏོང་ནས། ཇ་སྐྱིང་གི་ལྟེ་གནས་སུ་སྡོང་རིང་ལྗོན་ཤིང་བཙུགས་ནས་བྱ་རིགས་འགུག་འདྲེན་བྱས་ཏེ། རང་བྱུང་དགྲ་ཟླའི་ཚོད་འཛིན་ནུས་པ་འདོན་སྤེལ་གང་ལེགས་བྱས་ནས་སྟོད་བཙུད་ཁོར་ཡུག་བཟང་པོ་གཏོད་དགོས། འབུ་དར་སྒྲོ་འགྱུར་གྱི་དུས་སུ། ཇ་སྐྱིང་དུ་རླབས་དོགLEDསློག་སོགས་འབུ་གསོད་སློག་སྒྲོན་བཀར་ནས་རབས་རྗེས་མའི་འབུ་ཕྲུག་ཇེ་ཉུང་དུ་གཏོང་དགོས། ཇ་སྐྱིང་དུ་འབུ་གཙོད་སློག་སྒྲོན་བཀར་ནས་གནོད་འབུ་བསད་ནས་ཇེ་ཉུང་དུ་གཏོང་དགོས། སྐྱེ་དངོས་སྨན་རྫས་སྤྱད་ནས་འགོག་བཅོས་བྱེད་པ་དར་སྤེལ་བྱས་ཏེ། འབུ་སྔོན་གསོད་སྨིན་དང་གཡན་འབུ་གསོད་སྨིན། སུའུ་ཡུན་དབྱུགས་སྨིན་བཅས་ཀྱི་ལྡབ་300ཡི་སྨན་ཆུ་གཏོར་བའམ་ཡང་ན་0.6%ཡི་མཁན་བུལ་འོ་སྦྲུམ་ལྡབ་1 000སྨན་ཆུ་གཏོར་དགོས། ཕྱིར་བཏང་དུ་རྫས་འགྱུར་ཞིང་སྨན་གྱིས་འགོག་བཅོས་བྱེད་པའི་གྲོས་གཞི་མི་འདོན་པ་དང་། བེད་སྤྱོད་སྐབས་གཟབ་ནན་གྱིས་འགོག་བཅོས་དམིགས་ཚད་ཚོད་འཛིན་བྱ་དགོས།

图7–17　茶叶斑蛾幼虫

པར་རིས7-17　ཇ་ལོའི་ཁྲ་མདོག་འབུ་མེ་ལྕིབ་འབུ་ཕྲུག

8. 茶潜叶蝇

为害状：茶潜叶蝇又名夹叶虫，属双翅目潜蝇科，是茶树食叶性害虫之一，为完全变态昆虫。茶潜叶蝇幼虫多从叶缘开始潜食嫩叶叶肉，逐渐向叶中部伸展，随着取食量和虫体的增大，潜道也加宽延长，在叶面形成半透明的灰白色膜斑，外观十分明显。为害严重的，叶面整体均呈灰白色，透过膜斑可见膜下黄绿色的幼虫和不明显的排泄物（图7–18）。

防治方法：茶潜叶蝇的防治应从农业防治和生物防治方面综合进行。及时分批采下符合采摘标准的幼嫩芽梢，可随之采除部分虫口，控制虫口发生量；对虫害严重的茶园，进行轻修剪或重修剪，剪下的枝叶及时清除出园，集中妥善处理；减少化学农药的施用次数，保护天敌并充分发挥自然天敌的控制作用；在成虫盛期，采用诱杀板诱杀成虫。每亩用40%乐果乳油1 000倍液喷雾，或用40%氧化乐果乳油1 000倍液喷雾，或用50%二溴磷乳油1 500倍液喷雾等。一般不建议使用化学防治，若使用，要严格遵循防治指标施药。

8. ཇ་ལོའི་ཡིབ་མཛོན་འབུ་སྦྲང་།

གནོད་འཚེའི་རྣམ་པ། ཇ་ལོའི་ཡིབ་མཛོན་འབུ་སྦྲང་ལ་བཙིར་ལོ་གནོད་འབུའང་ཟེར། དེ་ནི་གཞོག་ཟུང་སྒེའི་ཡིབ་སྦྲང་ཁོངས་སུ་གཏོགས། ཇ་སྡོང་གིས་ལོ་མ་ཟ་བའི་གནོད་འབུའི་རིགས་ཤིག་ཡིན། ཡིབ་མཛོན་སྦྲང་མ་ནི་དབྱིབས་འགྱུར་བྱུང་བའི་འབུ་སྲིན་ཡིན། རབས་ཞིག་འགྲུབ་པར་སྒོ་ང་དང་འབུ་ཕྲུག འབུ་དར་མ། འབུ་ཐུམ་བཅས་དུས་རིམ་བཞི་བརྒྱུད་དགོས། ཡིབ་མཛོན་འབུ་སྦྲང་ནི་ལོ་མའི་མཐའ་ནས་མགོ་བརྩམས་ཏེ་གསར་སྐྱེས་ལོ་མ་ཟ་བ་དང་། རིམ་གྱིས་ལོ་མའི་དཀྱིལ་དུ་རྐྱོང་བཞིན་ཡོད། ཟ་ཚོད་ནི་འབུ་གཟུགས་ཇེ་ཆེར་སོང་བ་དང་བསྟུན་ནས་ཇེ་ཆེ་ཡིན། དེ་མིན་ཤུལ་ལམ་ཡང་ཇེ་ཆེར་འགྲོ་བ་དང་། ལོ་མའི་ངོས་སུ་དཀར་སྐྱ་དང་ཕྱེད་དྭངས་གསལ་གྱི་སྐྱི་ཁྲ་ཆགས་ཡོད་པས། ཕྱི་ངོས་ཏ་ཅང་མངོན་གསལ་ཡིན། གནོད་སྐྱོན་ཚབས་ཆེ་བའི་ལོ་མའི་ངོས་ནི་དཀར་སྐྱ་ཡིན་ཞིང་། སྐྱི་དབྱིབས་ཁྲ་ཐིག་གི་སྟེང་ནས་མདོག་སེར་ལྗང་གི་འབུ་ཕྲུག་དང་མངོན་གསལ་མིན་པའི་བཤང་གཅིནམཐོང་ཐུབ།（པར་རིས7-18）

འགོག་བཅོས་བྱེད་ཐབས། ཇ་ལོའི་ཡིབ་མཛོན་འབུ་སྦྲང་གི་འགོག་བཅོས་དེ་ཞིང་ལས་འགོག་བཅོས་དང་སྐྱེ་དངོས་འགོག་བཅོས་ཕྱོགས་བསྡུས་བྱས་ནས་འགོག་བཅོས་བྱེད་དགོས། དུས་ཐོག་ཏུ་ཁག་བགོས་ནས་འཐུ་འཐོག་གི་ཚད་གཞི་དང་མཐུན་པའི་མྱུ་གུ་གསར་སྐྱེས་རྣམས་འཐུ་དགོས་པ་དང་། གནོད་འབུའི་ཁ་འབྱུང་བར་ཚོད་འཛིན་བྱེད་དགོས། འབུའི་གནོད་འཚེ་ཚབས་ཆེ་བའི་ཇ་ཤིང་ལ་སྐབས་བདེའི་གཅོད་གཏུབ་བམ་ཞིབ་མོའི་གཅོད་གཏུབ་བྱས་ནས། གཏུབ་པའི་ཡལ་ག་དུས་ཐོག་ཏུ་ལྷུམ་ར་ནས་གཙང་སེལ་བྱས་ཏེ་གཅིག་སྡུད་ཐོག་ཐག་གཅོད་འོས་འཚམ་བྱེད་དགོས། རྫས་འགྱུར་ཞིང་སྨན་སྤྱོད་པའི་ཐེངས་གྲངས་ཇེ་ཉུང་དུ་བཏང་སྟེ། རང་བྱུང་དགྲ་ལྷར་སྲུང་སྐྱོབ་དང་རང་བྱུང་དགྲ་ལྷའི་ཚོད་འཛིན་ནུས་པ་འདོན་སྤེལ་གང་ལེགས་བྱ་དགོས། འབུ་དར་མའི་དུས་སུ། བསླུས་གསོད་པང་ལེབ་ཀྱིས་བསླུས་ཏེ་འབུ་བསད་པ་དང་། ཕྱིར་བཏང་དུ་རྫས་འགྱུར་ཞིང་སྨན་ལས་འགོག་བཅོས་བྱེད་པའི་གྲོས་

གཞི་མི་འདོན་པ་དང་། ཞེད་སྐྱོད་སྐབས་གཟབ་ནན་གྱིས་འགོག་བཅོས་དམིགས་ཚད་ཚོད་འཛིན་བྱ་དགོས། སྨུའུ་རེར་40%གྱི་ལེ་གོ་འོ་སྨུམ་ལྡེབ་1 000སྨན་ཆུ་གཏོར་བའམ་ཡང་ན་40%དབྱང་འགྱུར་ལེ་གོ་འོ་སྨུམ་ལྡེབ་1 000སྨན་ཆུ་གཏོར་བ། ཡང་ན་50%ཨར་པོར་ལིན་འོ་སྨུམ་ལྡེབ1 500སྨན་ཆུ་གཏོར་བ་དགོས།

图7–18　茶潜叶蝇为害状

པར་རིས7-18　ཇ་ལོའི་ཡིབ་མཛོན་འབུ་སྦྲང་གི་གནོད་འཚེའི་རྣམ་པ།

9. 茶蚜

为害状：茶蚜又名茶二叉蚜、橘二叉蚜、可可蚜、蜜虫、油虫，属半翅目蚜虫科，是茶树主要害虫之一，严重影响茶叶的品质和产量，为不完全变态昆虫。其成虫、幼虫群聚为害茶树枝梢、嫩叶，尤好群聚于嫩叶背面刺吸，致芽叶细弱，翻卷蜷缩，黄化粗老，无光泽，严重时幼芽枯竭、停止伸展。同时，茶蚜可排泄蜜露，招致茶煤病，影响叶片光合作用（图7–19）。

防治方法：茶蚜的综合防治必须从整个生态系统出发，通过农业措施创建良好的茶园环境，利用天敌的自然防控等对害虫进行综合治理。及时分批、多次采摘，可减少茶蚜食料，破坏其适宜环境，抑制其发生；幼龄茶园可结合打顶或定型修剪，降低虫口发生基数；减少化学农药的使用，发展生态茶园，保护其天敌大草蛉、中华草蛉、黄斑盘瓢虫、龟纹瓢虫等，充分发挥自然天敌的控制作用；用携带性信息素的黄色色板诱杀有翅成蚜；倡导使用生物药剂防治，用2.5%鱼藤酮乳油300倍液喷雾，或用0.5%藜芦碱可湿性粉剂1 000倍液喷雾。一般不建议使用化学防治，若使用，要严格遵循防治指标施药。

9. ཇ་ལོའི་གནོད་འབུ།

གནོད་འཚེའི་རྣམ་པ། ཇ་ལོའི་གནོད་འབུ་ལ་ཚེར་གཉིས་གནོད་འབུ་དང་དམར་སྐྱའི་ཚེར་གཉིས་གནོད་འབུ། ཁོ་ཁོའི་གནོད་འབུ། སྦྲང་འབུ། སྣུམ་འབུ་ཅེས་ཀྱང་ཟེར། འདབ་ཕྱེད་ཅན་གྱི་གནོད་འབུའི་སྡེ་ཚན་དུ་གཏོགས་ལ། ཇ་སྡོང་ལ་གནོད་འཚེ་ཐེབས་པའི་གནོད་འབུ་རིགས་ཤིག་ཡིན་ལ། ཚབས་ཆེ་བའི་དུས་སུ་ཇ་ལོའི་སྤུས་ཚད་དང་ཐོན་ཚད་ལ་ཤུགས་རྐྱེན་ཐེབས། ཇ་ལོའི་གནོད་འབུ་ནི་དབྱིབས་འགྱུར་བྱུང་མེད་པའི་འབུ་སྲིན་ཞིག་ཡིན་ཞིང་། རབས་གཅིག་གི་ནང་དུ་སྒོ་ང་དང་འབུ་ཕྲུག འབུ་དར་མ་བཅས་དུས་རིམ་གསུམ་བརྒྱུད་དགོས། འབུ་དར་མ་དང་འབུ་ཕྲུག་འདུ་ཚོགས་བྱུང་ཚེ་ཇ་སྡོང་གི་ཡལ་ག་དང་ལོ་མ་གསར་བར་གནོད་པ་དང་། ལོ་མ་གསར་བའི་རྒྱབ་ངོས་སུ་འདུ་ཚོགས་བྱས་ནས་གནོད་པ་གཏོང་སྲིད། སྦུ་གུ་ཆུང་ཞིང་ཕྲ་བ་དང་གུག་ནས་འཁུམས་པ། ཁ་དོག་སེར་པོར་གྱུར་ན་རྣས་པ། འོད་མདངས་མེད་པ། ཚབས་ཆེ་བའི་དུས་སུ་སྦུ་གུ་ཉམས་པ་དང་ཡལ་ག་སྐྱེས་མཚམས་འཇོག་པ་ཡིན། དུས་མཚུངས་སུ། ཇ་ལོའི་གནོད་འབུ་ཡིས་སྦྲང་གཤང་ཕྱིར་འབུད་བྱེད་ཐུབ་པས། ཇ་ལོའི་སོལ་ནད་འབྱུང་དུ་བཅུག་ནས། ལོ་འདབ་ཀྱི་འོད་སྦྱོར་ནུས་པར་ཤུགས་རྐྱེན་ཐེབས།（པར་རིས7-19）

འགོག་བཅོས་བྱེད་ཐབས། ཇ་ལོའི་གནོད་འབུ་ཐོགས་བསྡུས་འགོག་བཅོས་བྱེད་སྐབས་ངེས་པར་དུ་སྐྱེ་ཁམས་མ་ལག་རྩིང་པོ་ནས་འགོ་བཙུགས་ཏེ་ཞིང་ལས་བྱེད་ཐབས་ལེགས་བཅོས་དང་། ཇ་གླིང་གི་ཁོར་ཡུག་ལེགས་འཇུགས། རང་བྱུང་དགྲ་ཟླའི་སྔོན་འགོག་ཚོད་འཛིན་གྱི་ཕན་འབྲས་སོགས་སྤྱད་ནས་གནོད་འབུ་ཐོགས་བསྡུས་བཅོས་སྐྱོང་བྱེད་དགོས། དུས་ཐོག་ཏུ་ཐེངས་མང་པོར་འཐུ་འཐོག་བྱས་ན། གནོད་འབུའི་ཟས་ཀྱི་རྒྱུ་ཆ་ཇེ་ཉུང་དུ་བཏང་ནས། འོས་འཚམ་གྱི་ཁོར་ཡུག་ལ་གཏོར་བརླག་བཟོས་ཏེ། གནོད་འཚེ་དེ་དག་འབྱུང་བ་འགོག་ཐུབ། ཇ་གླིང་གསར་པ་ནི་རྩེ་མོའི་གཅོད་གཏུབ་བམ་བཟོ་དབྱིབས་གཏན་འཁེལ་གྱི་གཅོད་གཏུབ་བྱས་ནས། གནོད་འབུའི་གཞི་གྲངས་ཇེ་ཉུང་དུ་གཏོང་དགོས། རྫས་འགྱུར་ཞིང་སྨན་བེད་སྤྱོད་ཇེ་ཉུང་དུ་གཏོང་ཚེ་སྐྱེ་ཁམས་ཇ་གླིང་འཕེལ་རྒྱས་གཏོང་བ་དང་། རང་བྱུང་དགྲ་ཟླའི་ནུས་པ་འདོན་སྤེལ་གང་ལེགས་བྱས་ནས། འཕྲེར་བྱེད་ཀྱི་བརྡ་འཕྲིན་རྒྱུ་པང་ལེབ་སེར་པོའི་གཤོག་པ་ལས་གནོད་འབུ་གསོད་དགོས། སྐྱེ་དངོས་སྨན་རྫས་སྤྱད་ནས་འགོག་བཅོས་བྱེད་པ་དར་སྤེལ་བྱས་ཏེ། 2.5%ཡུས་ཐེང་ཐུང་སྣུམ་ལྡབ་300སྨན་ཆུ་གཏོར་བའམ་ཡང་ན་0.5%ལུའུ་བུལ་བརྣན་འགྱུར་རང་བཞིན་གྱི་སྨན་ཕྱེ་ལྡབ་1 000སྨན་ཆུ་གཏོར་དགོས། སྤྱིར་བཏང་དུ་རྫས་འགྱུར་ཞིང་སྨན་གྱིས་འགོག་བཅོས་བྱེད་པའི་གྲོས་གཞི་མི་འདོན་པ་དང་། བེད་སྤྱོད་སྐབས་གཟབ་ནན་གྱིས་འགོག་བཅོས་དམིགས་ཚད་

图7–19　茶蚜及其为害状

པར་རིས7-19 ཇ་ལོའི་གནོད་འབུའི་གནོད་འཚེའི་རྣམ་པ།

10. 茶丽纹象甲

为害状：茶丽纹象甲又名茶叶小象甲、黑绿象甲、小绿象鼻虫、花鸡娘、长角青象虫等，属鞘翅目象甲科，是茶树食叶性的害虫之一。茶丽纹象甲属于完全变态昆虫，完成1个世代需要经过卵、幼虫、蛹和成虫4个阶段。一般树冠高大、茶树生长良好的茶园，虫口较多。幼虫在土中食须根，主要以成虫食害新梢嫩叶，自叶缘咬食，致使叶片边缘呈弧形缺刻，严重时可导致全园茶树残叶秃脉，对茶叶产量和品质影响很大（图7–20）。

防治方法：影响茶丽纹象甲发生的主要因素是茶园耕作、气候条件及天敌种群。在盛蛹期，于茶丛双侧深耕土壤，杀除土中的虫蛹，不仅可以破坏蛹的栖息环境，造成化蛹土室的破裂，使蛹发生机械性伤亡，也使部分蛹体暴露于土表，以利天敌的捕食；减少化学农药的使用，以改善茶园生态环境，保护天敌旋囊脉水狼蛛、斜纹猫蛛、白僵菌、黄足肥螋、东方食植行军蚁、屁布甲等。倡导使用生物药剂防治，每亩用2 000克白僵菌粉拌土撒施于茶树根际土表面，或用0.5%印楝素乳油2 000倍液喷雾，或用0.6%苦参碱乳油1 000倍液喷雾。一般不建议使用化学防治，若使用，要严格遵循防治指标施药。

10. ཇ་ལོའི་སླང་རིས་ཁྲབ་འབུ།

གནོད་འཚེའི་རྣམ་པ། ཇ་ལོའི་སླང་རིས་ཁྲབ་འབུ་ལ་ཇ་ལོའི་སླང་ཆུང་ཁྲབ་འབུའམ་ནག་ལྡང་སླང་རིས་ཁྲབ་འབུ། ལྡང་ཆུང་སླང་སྣ་ཁྲབ་འབུ། བྱ་དེ་མ་མ། སླང་ལྡང་ཟུར་རིང་ཁྲབ་འབུ་སོགས་ཟེར། དེ་ནི་གཤོག་སྒྲབ་སྡེ་ཚན་གྱི་ཁྲབ་འབུའི་ཁོངས་སུ་གཏོགས་ལ། ཇ་སྡོང་ལོ་མ་ཟ་བའི་གནོད་འབུའི་རིགས་ཞིག་ཡིན། ཇ་ལོའི་སླང་རིས་ཁྲབ་འབུ་ནི་དབྱིབས་འགྱུར་བྱུང་བའི་འབུ་སྲིན་ཡིན། རབས་གཅིག་གི་ནང་དུ་སྒོ་ང་དང་འབུ་ཕྲུག འབུ་དར་མ། འབུ་ཐུམ་བཅས་དུས་རིམ་བཞི་བརྒྱུད་དགོས། ཕྱིར་བཏང་དུ་ཇ་སྡོང་གི་རྩེ་སོ་མཐོ་ཞིང་ཆེ་ལ། སྐྱེ་འཚར་ཤུགས་བཟང་བའི་ཇ་ཤིང་དུ་འབུ་གྲངས་ཅུང་མང་། འབུ་ཕྲུག་གིས་ས་ནང་གི་རྩད་པ་ཟ་ཞིང་། གཙོ་བོར་ལོ་མ་གསར་པ་དང་ལོ་མའི་མཐའ་ཟས་ནས། ལོ་མའི་མཐའ་ལ་ཆད་ལྷག་ཤོར་བ་དང་། ཚབས་ཆེ་བའི་དུས་སུ་ལྷུམ་རའི་ནང་གི་ཇ་སྡོང་གི་ལོ་མ་ལྷག་རྗེ་ལ་གྱུར་པ་དང་། ཇ་ལོའི་ཐོན་ཚད་དང་སྤུས་ཀར་ཤུགས་རྐྱེན་ཆེན་པོ་ཐེབས་སྲིད། (པར་རིས7-20)

འགོག་བཅོས་བྱེད་ཐབས། ཇ་ལོའི་སླང་རིས་ཁྲབ་འབུ་འབྱུང་བའི་རྒྱུ་རྐྱེན་གཙོ་བོ་ནི་ཇ་ཤིང་རྫ་འདེབས་དང་གནམ་གཤིས་ཆ་རྐྱེན། རང་བྱུང་དགྲ་ལྷའི་ཁྱུ་ཚོགས་བཅས་ཡིན། འབུ་ཐུམ་གྲུབ་པའི་དུས་སུ། ཇ་ལོའི་ནང་གི་གཞོགས་གཉིས་སུ་གཏིང་ཟབ་རྐོད་སློག་བྱས་ཏེ། ས་ནང་གི་འབུ་ཐུམ་གསོད་དགོས། རྐོད་སློག་གིས་འབུ་ཐུམ་གྱི་འཚོ་སྡོད་ཁོར་ཡུག་ལ་གཏོར་བརླག་ཐེབས་པ་མ་ཟད། འབུ་ཐུམ་གྱི་ས་ཁང་ཐོར་དུ་བཅུག་ནས་འབུ་ཐུམ་འཕྲུལ་ཆས་ལ་ཤི་རྨས་ཐེབས་སྲིད། གཞན་ཡང་འབུ་ཐུམ་ཁ་ཤས་ཀྱང་ས་སྟེང་དུ་ཐོན་ནས་དགྲ་ལྷའི་ཟན་འཚོལ་བར་སྟབས་བདེ་ཡིན། རྫས་འགྱུར་ཞིང་སྨན་སྤྱོད་ཚད་ཉུང་དུ་གཏོང་ནས། ཇ་ཤིང་གི་སྐྱེ་ཁམས་ཁོར་ཡུག་ཇེ་ལེགས་སུ་གཏོང་བ། དགྲ་ལྷའི་ནང་གི་སྦུབ་ཀི་སྡོམ་དང་འཕྱེད་རིས་བྱི་ལ་སྡོམ། སྐམ་རེངས་སྲིན་འབུ། རྐང་སེར་ཁྲབ་འབུ་བཅས་ལ་སྲུང་སྐྱོང་བྱ་དགོས། སྐྱེ་དངོས་སྨན་རྫས་སྤྱད་ནས་འགོག་བཅོས་བྱེད་པ་དར་སྤེལ་བྱས་ཏེ། མུའུ་རེར་ཁེ2 000ཡི་པའེ་ཅིང་འབུ་ཐའི་ཕྱེ་མ་ཇ་སྡོང་རྩད་པའི་མཚམས་སུ་བསྲེས་ནས་གཏོར་བའམ། ཡང་ན་0.5% ཡི་དབྱིན་ལེན་རྒྱུ་འོ་

སྐུམ་ལྤབ2 000་སྨན་ཆུ་གཏོར་བའམ། ཡང་ན་0.6%ཀའོ་ཧྲིན་བུལ་ཙོ་སྐུམ་ལྤབ་1 000སྨན་ཆུ་གཏོར་དགོས། ཕྱིར་བཏང་དུ་རྫས་འགྱུར་ཞིང་སྨན་གྱིས་འགོག་བཅོས་བྱེད་པའི་གྲོས་གཞི་མི་འདོན་པ་དང་། བེད་སྤྱོད་སྐབས་གཟབ་ནན་གྱིས་འགོག་བཅོས་དམིགས་ཚད་ཚོད་འཛིན་བྱ་དགོས།

图7–20　茶丽纹象甲成虫及其为害状

པར་རིས7-20 ཇ་ལོའི་སྲིན་རིས་ཁྲབ་འབུ་དང་གནོད་འཚེའི་རྣམ་པ།

11. 红蜡蚧

发生规律与为害状：红蜡蚧又名红蜡虫、胭脂虫、脐状红蜡蚧、红䖴、红虱子等，属半翅目蜡蚧科蜡蚧属，是茶树刺吸式害虫之一，为不完全变态昆虫。红蜡蚧1年发生1代，若虫孵化后，离母体移至新梢定居，以成虫和若虫固定在茶树枝叶上吸汁为害，雌虫多在枝干和叶柄进行为害，雄虫多在叶柄和叶片进行为害。红蜡蚧分泌物常诱发茶树出现茶煤病，致使植株长势衰退，树冠萎缩，芽叶稀少，全株发黑，为害严重时甚至造成整株枯死（图7–21）。

防治方法：红蜡蚧的防治应从农业防治和生物防治方面综合进行。虫害发生初期，严格实施剪虫枝、掀虫体、摘虫叶措施，并将虫枝、虫体、虫叶集中销毁，以减少虫源，控制虫口密度；及时收集红蜡蚧为害过的植株残体，集中处理，可用软刷、竹片等轻刷、轻刮或抹涂，也可用破布蘸煤油进行抹杀；加强茶园管理，增施有机肥和磷肥、钾肥，做好开沟排水和灌水防旱工作，以增强树势；及时合理修剪，改善树冠的通风、光照条件，恶化害虫生长环境；

保护和利用天敌大红瓢虫、红点唇瓢虫、红蜡蚧扁角跳小蜂、赖食软蚧蚜小蜂等。倡导使用生物药剂防治，在红蜡蚧若虫盛孵期用25%爱卡士乳油1 000倍液喷雾，或用20%稻虱净乳油1 500倍液喷雾。在茶园封园期，用45%石硫合剂晶体100倍液喷雾。减少或尽量不使用化学防治，若使用，要严格遵循防治指标施药。

11. བྲ་ཚིལ་རྩངས།

བྱུང་བའི་ཆོས་ཉིད་དང་གནོད་འཚེའི་རྣམ་པ། བྲ་ཚིལ་རྩངས་ལ་བྲ་ཚིལ་འབུ་དང་དམར་རྩི་འབུ། ལྷེ་དབྱིབས་བྲ་ཚིལ་རྩངས། དམར་རྩངས། ཤིག་དམར་སོགས་ཀྱང་ཟེར་ལ། གཤོག་ཕྱེད་ཅན་སྲི་ཁག་བྲ་ཚིལ་རྩངས་ཀྱི་རིགས་སུ་གཏོགས། ཇ་སྡོང་གི་ཆེར་འཛིབ་རང་བཞིན་གྱི་གནོད་འབུ་ཞིག་ཡིན། བྲ་ཚིལ་རྩངས་ནི་དབྱིབས་འགྱུར་མིན་པའི་འབུ་སྲིན་ཞིག་ཡིན་ཞིང་། རབས་གཅིག་འགྲུབ་དགོས་ན་སྒོ་ང་དང་འབུ་ཕྲུག འབུ་དར་མ་བཅས་དུས་རིམ་གསུམ་བརྒྱུད་དགོས། བྲ་ཚིལ་རྩངས་ནི་ལོ་གཅིག་གི་ནང་དུ་མི་རབས་གཅིག་བྱུང་བ་དང་། གལ་ཏེ་སྒོ་ང་ཡོད་པའི་རྗེས། མ་གནས་དང་བྲལ་ནས་ཡལ་ག་གསར་བར་སོང་ནས་གཏན་སྡོད་བྱས་ཏེ། འབུ་དར་མ་དང་འབུ་ཕྲུག་གཉིས་ཀྱིས་ཇ་སྡོང་ཡལ་འདབ་སྟེང་དུ་གཏན་འཁེལ་བྱས་ནས་ཁུ་བ་འཛིབ་པ་དང་། མོ་འབུ་མང་ཆེ་ཤོས་ཀྱིས་ཡལ་ག་དང་ལོ་ཕང་གི་ཕྱུ་བར་གནོད་འཚེ་གཏོང་ལ། ཕོ་འབུ་མང་ཆེ་བ་ནི་ལོ་ཕང་དང་ལོ་མ་ལ་གནོད་འཚེ་གཏོང་པ་ཡིན། བྲ་ཚིལ་རྩངས་ཀྱི་ཟགས་ཐོན་དངོས་རྫས་ཀྱིས་རྟག་ཏུ་ཇ་ལོ་སོལ་ནད་སློང་ནས་སྡོང་པོའི་སྐྱེ་འཚར་ཇེ་ཞན་དུ་གཏོང་པ་དང་། འདི་ལས་སྡོང་པོ་ཇེ་ཆུང་དུ་འགྲོ་བ་དང་སྡོང་པོ་ཉིལ་པོ་ནག་པོར་གྱུར་བ། གནོད་འཚེ་ཚབས་ཆེ་བའི་སྐབས་སུ་ཐ་ན་སྡོང་པོ་རྡིལ་པོ་སྐམ་ནས་ཤི་འགྲོ（པར་རིས7-21）

འགོག་བཅོས་བྱེད་ཐབས། བྲ་ཚིལ་རྩངས་འགོག་བཅོས་བྱེད་རྒྱུ་དེ་ཞིང་ལས་འགོག་བཅོས་དང་སྐྱེ་དངོས་འགོག་བཅོས་ཕྱོགས་བསྡུས་ངང་སྤེལ་དགོས། འབུའི་གནོད་པ་བྱུང་བའི་དུས་འགོར། འབུའི་ཡལ་ག་གཅོད་པ་དང་འབུ་གཟུགས་གཏོར་བ། འབུ་ཡོད་པའི་ལོ་མ་གཅོད་པ་བཅས་བྱེད་པ་མ་ཟད། འབུ་ཡོད་པའི་ཡལ་ག་དང་འབུ་གཟུགས། འབུ་ཡོད་པའི་ལོ་མ་བཅས་གཅིག་སྡུད་ཀྱིས་མེད་པ་བཟོས་ནས་འབུ་ཡི་འབྱུང་ཁུངས་ཇེ་ཉུང་དུ་བཏང་སྟེ་འབུ་གྲངས་འདུས་ཚད་ཚོད་འཛིན་བྱེད་དགོས། དུས་ཐོག་ཏུ་བྲ་ཚིལ་རྩངས་པས་གནོད་འཚེ་ཐེབས་པའི་སྡོང་པོ་སྐྱོན་ཅན་འཚོལ་བསྡུ་བྱས་ནས། འཇམ་ཤད་དང་སྐྱུག་ལེབ་སོགས་ཀྱིས་རྗོ་སྣུམ་དེ་སྡོང་པོའི་ཡལ་ག་ལ་ཤད་པའམ་ཡང་ན་བྲུག་ནས་གཅིག་བསྡུས་ཀྱིས་ཐག་གཅོད་བྱེད་དགོས། ཇ་གླིང་དོ་དམ་ལ་ཤུགས་སྣོན་བརྒྱབ་སྟེ་སྐྱེ་ལྡན་ལུད་དང་ལིན་ལུད། ཅ་ལུད་མང་དུ་བསྣན་དགོས་པ་དང་། ཀ་ཡུར་དང་ཆུ་འབུད་འདྲེན་གྱི་བརྟན་ཐན་འགོག་བཅོས་ཀྱི་ལས་ཀ་ཡག་པོ་བསྒྲུབ་ནས། སྡོང་སྟོབས་ཆེ་རུ་གཏོང་དགོས། དུས་ཐོག་ཏུ་ལུགས་མཐུན་ངང་གཅོད་གཏུབ

བྱས་ནས་སྔོང་མགོའི་རླུང་རྒྱུག་ཚད་དང་འོད་འཕྲོ་ཚད་ཇི་མཐོ་རུ་བཏང་སྟེ་གནོད་འབུ་སྐྱེ་འཚར་གྱི་ཁོར་ཡུག་མེད་པར་གཏོང་དགོས། རང་བྱུང་དགྲ་ཟླ་འབུ་སྐྱོགས་དམར་པོ། མཆུ་རྟོའི་འབུ་དམར་པོ། སྦྲ་ཚིལ་རྩངས་ཞིབ་སོགས་ལ་སྲུང་སྐྱོབ་དང་བེད་སྤྱོད་བྱ་དགོས། སྐྱེ་དངོས་ཀྱི་སྨན་རྫས་སྤྱད་ནས་འགོག་བཅོས་བྱེད་པ་དར་སྤེལ་བྱས་ཏེ། སྦྲ་ཚིལ་རྩངས་མང་དུ་འཕེལ་བའི་དུས་སུ་25%ཨད་ཁ་ཧྲི་འོ་སྨུམ་ལྷབ་1 000གཤེར་ཁུ་གཏོར་བའམ་ཡང་ན་20%ཡི་འབྲས་ཞིག་འོ་སྨུམ་ལྷབ་1 500ཡི་གཤེར་ཁུ་གཏོར་དགོས། ཇ་གླིང་ཇ་ལོ་འཐུ་འཐོག་མཚམས་འཇོག་པའི་དུས། 45%ཡི་ཧྲི་ཞིའུ་མཉམ་བསྲེས་རྫས་བདར་གཟུགས་ལྷབ་100སྨན་ཆུ་གཏོར་དགོས། རྫས་འགྱུར་ཞིང་སྨན་ཇེ་ཉུང་དུ་གཏོང་བའམ་ཡང་ན་གང་ཐུབ་ཀྱིས་མི་སྤྱོད་པ་དང་། བེད་སྤྱོད་སྐབས་འགོག་བཅོས་དམིགས་ཚད་ཚོད་འཛིན་ནན་མོ་བྱེད་དགོས།

图7-21　红蜡蚧及其为害状

པར་རིས7-21　སྦྲ་ཚིལ་རྩངས་ཀྱི་གནོད་འཚེའི་རྣམ་པ།

12. 蛴螬

发生规律与为害状：蛴螬（图7-22）是鞘翅目金龟甲总科幼虫的统称，是世界上公认的主要地下害虫，可为害多种植物，主要为害植物的种苗、根系及块茎等，因其难以预测和防治，近年来给茶叶生产造成较大损失。蛴螬春、秋两季为害最重，取食茶苗嫩根、咬断茶苗根茎，造成的伤口还可引起病菌侵染，诱发病害。茶园地势与蛴螬的发生密切相关。一般迎风背阴地的蛴螬虫量低于背风向阳地，而平地的虫量又低于坡地。地势与蛴螬发生量的关系的决定因素是土壤温湿度，特别是土壤含水量。平川地、洼地土壤含水量较高，而阳坡不仅含水量适宜，而且土温较高，会助长蛴螬卵和幼虫的发生，这就造成了阳坡的虫量明显大于平川地、洼地。此外，土壤理化性质也与蛴螬的发生有着密不可分的关系。蛴螬更容易发生在土层厚、较湿润、有机质含量高的肥沃中性土壤中；有机质含量低、土质黏重的黏土和沙土中，蛴螬则不易发生。

防治方法：蛴螬的防治应从农业防治和生物防治方面综合进行。金龟子产卵具有趋粪性，因此不要把未腐熟的粪便及秸秆堆肥施入田间；科学浇水、施肥，适当控制氮肥用量，增强树势，提高茶树抵抗病虫害的能力；深耕晒垡，不仅可以杀死一部分害虫，还可以让害虫或虫卵暴露在表面，这样既能破坏其越冬、繁殖的场所，减少害虫的基数，又能达到使土壤松软的目的；尽量少施用化学农药，保护和利用黑土蜂、寄生蝇、食虫虻、青蛙、鸟类等天敌，充分发挥自然天敌的控制作用。使用黑光灯对金龟子成虫进行诱杀，利用寄主植物诱杀害虫，或利用性信息素诱捕成虫，均可使蛴螬发生率降低。倡导使用生物药剂防治，白僵菌、绿僵菌和苏云金芽孢杆菌，以及生物农药印楝素对蛴螬有较好防效，可在生产中合理利用。

12. ས་འབྲུ་དཀར་པོ།

བྱུང་བའི་ཆོས་ཉིད་དང་གནོད་འཚེའི་རྣམ་པ། ས་འབུ་དཀར་པོ་ནི་གཤོག་སྲབ་ཅན་གྱི་སྡེ་ཚན་ཀ་ཅིན་ཀུའི་ཙ་རིགས་འབུ་ཕྲུག་གི་སྤྱི་མིང་ཡིན་ཞིང་།（པར་རིས7-22）འཛམ་གླིང་ཐོག་ཀུན་གྱིས་ཁས་ལེན་པའི་ས་འོག་གི་གནོད་འབུ་གལ་ཆེན་ཞིག་ཡིན། དེས་རྩི་ཤིང་སྣ་ཚོགས་ལ་གནོད་འཚེ་གཏོང་ཐུབ། གཙོ་བོར་རྩི་ཤིང་གི་མྱུ་གུ་དང་རྩ་ལམ། གཞུང་རྟ་སོགས་ལ་གནོད་འཚེ་གཏོང་སྲིད། དེ་དག་སྔོན་དཔག་དང་འགོག་བཅོས་བྱེད་དཀའ་བས། ཉེ་བའི་ལོ་ཤས་ནང་ཇ་ལོ་ཐོན་སྐྱེད་ལ་གྱོང་གུན་ཆེན་པོ་བཟོས་ཡོད། ས་འབུ་དཀར་པོ་ནི་དཔྱིད་ཀ་དང་སྟོན་ཀའི་དུས་གཉིས་སུ་གནོད་སྐྱོན་ཆེ་ལ། ཇ་སྡོང་གི་རྩད་པ་སྙི་མོ་དང་རྩ་ལག་ཟ་བ་ཡིན། སོ་བཏབ་པའི་རྨ་ཁར་ད་དུང་ནད་འབུ་འགོས་ཏེ་གནོད་འཚེ་གཞན་དག་སློང་སྲིད། ཇ་གླིང་གི་ས་བབ་དང་ས་འབུ་དཀར་པོ་གཉིས་བྱུང་བ་ལ་འབྲེལ་བ་དམ་ཟབ་ཡོད། སྤྱིར་བཏང་དུ་རླུང་གཏད་དང་སྲིབ་ངོས་ཀྱི་ས་འབུ་དཀར་པོ་ནི་རླུང་གཏད་ཉིན་ངོས་ལས་ཉུང་། བདེ་ཐང་གི་གནོད་འབུ་ཚད་ནི་རི་ལྡེབས་ལས་ཉུང་། ས་བབ་དང་ས་འབུ་དཀར་པོ་བར་གྱི་འབྲེལ་བ་ནི་ས་རྒྱུའི་དྲོད་ཚད་དང་འབྲེལ་བ་ཡོད། ལྷག་པར་དུ་ས་རྒྱུའི་ནང་གི་ཆུའི་འདུས་ཚད་ལ་རག་ལས་ཡོད། ས་ཁོད་སྙོམས་པོ་དང་གཤོང་སའི་ས་རྒྱུའི་ནང་གི་ཆུའི་འདུས་ཚད་ཅུང་མཐོ། འོན་ཀྱང་ཉིན་ངོས་ཀྱི་ཉི་འོད་ཐོག་ཚད་ཅུང་

一、冷害和冻害
གཅིག འཁྱག་པའི་གནོད་འཚེ།

为害状：由于西藏气候特殊，主栽茶园冬季气温较低，茶树容易受到低温为害，包括冷害和冻害。冷害是指茶树在其生育期内遇到低温而遭受的灾害，温度一般在0℃以上，导致茶树萌芽推迟，生长缓慢；冻害是指低空温度或土壤温度短时期降至0℃以下，致使茶树植株体内发生冰冻的现象。茶树受冻轻时，嫩梢叶片边缘、顶芽会出现轻微损伤变色，对枝条影响不大；受冻较重时会出现叶片干枯、枝干枯死等症状，严重时会影响茶树生长甚至导致茶树死亡（图8-1）。

གནོད་འཚེའི་རྣམ་པ། བོད་ལྗོངས་ཀྱི་གནམ་གཤིས་དམིགས་བསལ་ཡིན་པས།ཇ་གླིང་གི་དགུན་དུས་དྲོད་ཚད་དམའ་མོ་ཡིན་པ་དང་།ཇ་སྡོང་ལ་དྲོད་ཚད་དམའ་བའི་གནོད་འཚེ་ཐོག་སླ།དེའི་ནང་གྲང་གནོད་དང་འཁྱག་གནོད་ཚུད་ཡོད།གྲང་གནོད་ནི་ཇ་སྡོང་དེ་གཉེར་བའི་དུས་སུ་དྲོད་ཚད་དམའ་བའི་དབང་གིས་གནོད་འཚེ་ཐོག་པ་ལ་ཟེར།ཁྱིར་བཏང་དུ་དྲོད་ཚད0℃ཡན་ལ་སླེབས་ཆོ། ཇ་སྡོང་གི་མྱུ་གུ་འབུས་ཚད་དལ་ལ།སྐྱེ་འཚར་འགོར་བ་རེད།འཁྱག་གནོད་ནི་དྲོད་ཚད་དམའ་བའམ་ས་རྒྱུའི་དྲོད་ཚད་དུས་ཡུན་ཐུང་ངུའི་ནང་དྲོད་ཚད0℃མན་ཆད་དུ་ཆག་པ་དང་།ཇ་སྡོང་གི་ལྷུང་ཁང་ལ་འཁྱགས་པའི་གནོད་འཚེ་བཟོས་པའི་སྣང་ཚུལ་ལ་ཟེར། ཇ་སྡོང་ལ་འཁྱག་གནོད་ཐེབས་པའི་དུས་སུ་ལོ་མའི་འདབ་མཐའ་དང་མྱུ་གུའི་མགོར་མདོག་གྱུར་བྱུང་རུང་།ཡལ་ག་ལ་ཤུགས་རྐྱེན་ཆེན་པོ་མི་ཐེབས།འཁྱག་གནོད་ཚབས་ཆེ་བའི་དུས།ལོ་མ་སྐམ་པ་དང་ཡལ་ག་སྐམ་པ་སོགས་ཀྱི་རྟགས་ཐོན་སྲིད། ཞིན་ཏུ་ཚབས་ཆེ་ན་ཇ་སྡོང་སྐྱེ་འཚར་ལ་ཤུགས་རྐྱེན་ཐོག་པ་མ་ཟད། ཐ་ན་ཇ་སྡོང་སྐམ་སྲིད།（པར་རིས8-1）

图8–1　西藏茶园冻害及其为害症状
པར་རིས8-1 བོད་ལྗོངས་ཇ་གླིང་ལ་འཁྱག་གནོད་ཐེབས་པ་དང་གནོད་འཚེའི་རྣམ་པ།

应对措施：鉴于西藏特殊的气候特征，在新建茶园时应选择抗寒品种，同时建立复合生态茶园，改善茶园小气候，加强茶园肥水管理，增施有机肥，保护茶树生长，提高防冻能力。对长期受冻严重、产量较低的老茶园，应进行改种换植，清除受冻植株，栽植无性系抗寒品种，加强肥水管理，保证茶苗移栽成活率和幼苗生长。当成龄茶园遇到极端低温天气时，或对于立地条件容易受霜冻影响的区域，可将茶树冬剪改为夏剪，以提高茶园发芽密度、产量和品质。同时，增施有机肥、铺草、冬季覆盖遮阳网，以及合理喷灌等措施可减弱茶树冻害程度，从而保证茶园经济效益，减少自然灾害损失。

ཐག་གཅོད་བྱེད་ཐབས། བོད་ལྗོངས་ལ་དམིགས་བསལ་གྱི་གནམ་གཤིས་ཁྱད་ཆོས་ཡོད་པས།ཇ་གླིང་གསར་སྐྲུན་བྱེད་སྐབས་ཀྱང་འགོག་རིགས་ཀྱི་ཇ་སྡོང་འཛུགས་དགོས་པ་དང་།དུས་མཚུངས་སུ་མཉམ་འདྲེས་སྐྱོད་བཅུད་ཇ་གླིང་བཙུགས་ནས།ཇ་གླིང་གི་གནམ་གཤིས་ཇེ་ལེགས་སུ་གཏོང་བ་དང་།ཇ་གླིང་གི་ལུད་ཆུ་དོ་དམ་ལ་ཤུགས་སྣོན་རྒྱག་པ།སྐྱེ་ལྡན་ལུད་ཇས་ཇེ་མང་དུ་གཏོང་བ། ཇ་སྡོང་སྐྱེ་འཚར་ལ་སྲུང་སྐྱོང་བྱེད་པ། འཁྱག་འགོག་ནུས་པ་ཆེ་རུ་གཏོང་བ་བཅས་བྱེད་དགོས། དུས་ཡུན་རིང་པོར་འཁྱག་གནོད་ཚབས་ཆེན་ཐེབས་པ་དང་ཐོན་ཚད་ཅུང་དམའ་བའི་ཇ་གླིང་རྙིང་པར་རིགས་བརྗེ་གསར་ཚབ་བྱས་ཏེ། འཁྱག་གནོད་ཐེབས་པའི་ཇ་སྡོང་གཙང་སེལ་བྱེད་པ་དང་།མཚན་མེད་རང་བཞིན་གྱི་

གྲང་འགོག་ཇ་སྡོང་རིགས་འདེབས་འཛུགས་བྱས་ནས།ཡུད་ཆུ་དོ་དམ་ལ་ཤུགས་སྣོན་རྒྱག་པ་བཅས་བྱས་ཏེ། ཇ་ལོ་སྡོང་ཕྲན་སྡོ་འཛུགས་ཀྱི་གསོན་ཚད་དང་སྐྱེ་འཚར་ལ་ཁག་ཐེག་བྱེད་དགོས།ཇ་གླིང་རྙིང་པ་དྲོད་ཚད་ཏ་ཅང་དམའ་བའི་གནམ་གཤིས་དང་འཕྲད་སྐབས་དང་། དེ་མིན་སྐྱེ་གནས་ལ་སད་ཀྱི་ཤུགས་རྐྱེན་ཐེབས་སླ་བའི་སྐབས།ཇ་སྡོང་གི་དགུན་འབྲིག་དེ་དབྱར་འབྲིག་ཏུ་བསྒྱུར་ན།ཇ་གླིང་གི་སྨྱུ་གུ་འབུས་ཚད་དང་ཐོན་ཚད། སྤུས་ཚད་བཅས་ཇེ་མཐོ་གཏོང་ཐུབ་པ་མ་ཟད། དུས་མཚུངས་སུ་སྐྱེ་ལྡན་ཡུད་མང་དུ་འཛོག་པ་དང་།རྩྭ་གདན་འདིང་པ།དགུན་དུས་ཉི་འགོག་དྲ་བ་བཀག་པ།ཡུགས་མཐུན་དང་ཚ་གཏོར་བ་སོགས་ཀྱི་བྱ་ཐབས་སྤྱད་ན་ཇ་གླིང་གི་འཁྱག་གནོད་ཇེ་དམའ་གཏོང་ཐུབ་ལ།དཔལ་འབྱོར་ཕན་འབྲས་ཁག་ཐེག་བྱས་ནས་རང་བྱུང་གནོད་འཚེའི་སྐྱོང་ཀུན་ཉུང་དུ་གཏོང་ཐུབ།

容易受到冻害的茶园应加强对灾害性天气的预测预报工作，提前做好预防。在灾害性天气预警后，可在适宜天气喷施植物生长调节剂，增强茶树免疫力及抗寒抗冻能力；或者用稻草、杂草或遮阳网覆盖茶树蓬面，保持地面热量，降低冻害对根系的影响。茶园受到低温为害后应及时采取应急措施和进行茶树复壮护理。茶树受冻后，部分枝叶会失去活力，必须剪去死枝。修剪应在气温回升，不会再发生严重冻害后进行，修剪深度以剪口低于冻死部位2厘米为宜，只有叶片边缘受冻的茶树可不必修剪。受冻茶树修剪后，还应合理平衡施肥，增施有机肥，增强树势，提高茶树抵抗力；同时加强水肥管理，可喷施叶面肥，促进树势恢复。茶树受冻后更容易发生多种病虫害，因此要加强对茶树病虫害的预警工作。

འཁྱག་གནོད་ཕོག་སླ་བའི་ཇ་གླིང་དག་གནོད་འཚེའི་རང་བཞིན་གྱི་གནམ་གཤིས་ལ་སྔོན་དཔག་བྱ་རྒྱུའི་ལས་དོན་ལ་ཤུགས་སྣོན་བརྒྱབ་ནས་སྔ་ནས་སྔོན་འགོག་ཡག་པོ་བྱེད་དགོས།གནོད་འཚེའི་རང་བཞིན་གྱི་གནམ་གཤིས་ཉེན་བརྡ་བཏང་རྗེས།གནམ་གཤིས་དང་འཚམ་པའི་རྩི་ཤིང་སྐྱེ་འཚར་སྙོམས་སྒྲིག་སྨན་གཏོར་ནས།ཇ་སྡོང་གི་ནད་འགོག་ནུས་པ་ཆེ་རུ་གཏོང་བ་དང་།ཇ་སྡོང་གི་གྲང་འགོག་ནུས་པ་ཆེ་རུ་གཏོང་དགོས།ཡང་ན་རྩྭ་སྙིགས་དང་རྩྭ་ལྷུམ་ཡང་ན་ཉི་འགོག་དྲ་བ་སྤྱད་དེ་ཇ་སྡོང་བཀབ་ཅིང་།ས་ངོས་ཀྱི་ཚ་ཚད་སྲུང་འཛིན་བྱས་ཏེ། འཁྱག་གནོད་ཀྱིས་རྩ་ལག་ལ་ཐེབས་པའི་ཤུགས་རྐྱེན་ཇེ་ཆུང་དུ་གཏོང་དགོས།ཇ་གླིང་ལ་དྲོད་ཚད་དམའ་བའི་གནོད་འཚེ་ཕོག་ཚེ་དུས་ཐོག་ཏུ་འཕྲལ་སྡོམ་བྱ་ཐབས་དང་ཇ་སྡོང་ནད་སྐྱོང་གི་བྱ་ཐབས་སྤེལ་དགོས།ཇ་སྡོང་ལ་འཁྱག་གནོད་ཐེབས་པའི་རྗེས།ཡལ་ག་ཁ་ཤས་ལ་གསོན་ཤུགས་མེད་ཅིང་། ཡལ་ག་ངེས་པར་དུ་གཅོད་དགོས།གཅོད་པའི་དུས་ཚོད་ནི་དྲོད་ཚད་ཇེ་

མཐོ་ཕྱིན་ནས་འཁྱག་གནོད་ཡང་བསྐྱར་མི་ཐེབས་པའི་སྐབས་ཡིན་དགོས་ལ།གཏུབ་པའི་ཚད་ནི་འཁྱག་གནོད་ཐེབས་པའི་གནས་ཀྱི2cmལས་དམའ་བ་མཚམས་ཡིན་ན་ལེགས།ལོ་མ་ཁོ་ནར་འཁྱག་གནོད་ཐེབས་པའི་ཇ་སྡོང་ཡིན་ན་ཡལ་ག་གཏུབ་ མི་དགོས།གནོད་ཐེབས་ཇ་སྡོང་གི་ཡལ་ག་གཏུབ་པའི་རྗེས།ལུགས་མཐུན་དོ་སྣོམས་དང་ལུད་རྫས་བསྣན་དགོས་ལ།སྐྱེ་ལྡན་ལུད་བསྣན་ནས་སྡོང་སྡོབས་ཆེ་རུ་གཏོང་ཅིང་།ཇ་སྡོང་གི་ནད་འགོག་ནུས་པ་ཆེ་རུ་གཏོང་དགོས།དེ་དང་མཉམ་དུ་ཆུ་ལུད་ཀྱི་དོ་དམ་ལ་ཤུགས་སྣོན་བྱས་ཏེ། ལོ་རྒྱས་ལུད་རྫས་གཏོར་ནས་སྡོང་པོ་སྐྱེ་འཚར་ལ་སྐུལ་འདེད་བྱེད་དགོས།ཇ་སྡོང་ལ་འཁྱག་གནོད་ཐེབས་རྗེས་ནད་འབུའི་གནོད་པ་འབྱུང་སླ་བས།སྔོན་དཔག་བྱ་བར་ཤུགས་སྣོན་རྒྱག་དགོས།

二、高温干旱
གཉིས། ཚ་དྲོད་མཐོའི་ཐན་སྐྱོན།

为害状：高温干旱灾害是威胁茶叶生产的主要自然灾害之一，出现高温干旱时，茶树的生长发育会严重受抑，常导致茶叶减产，造成经济损失。高温干旱主要会使茶树生长停止，形成驻芽，顶部幼叶萎蔫干枯，叶片泛红，出现焦斑；受害严重的茶树老叶和嫩叶枯焦脱落，导致树冠光秃，多数枝条枯死；极度受害时茶树整体缺水，根毛失活，叶片完全脱落，侧枝及主干干枯，最后导致整株死亡（图8–2）。

གནོད་འཚེའི་རྣམ་པ། ཚ་དྲོད་མཐོའི་ཐན་སྐྱོན་ནི་ཇ་ལོ་ཐོན་སྐྱེད་ལ་གནོད་སྐྱོན་ཆེ་བའི་རང་བྱུང་གནོད་འཚེ་གཙོ་བོ་གྲས་ཤིག་ཡིན་པ་དང་།ཇ་སྡོང་གི་སྐྱེ་འཚར་ལ་འགོག་རྐྱེན་ཚབས་ཆེན་བཟོས་ནས་རྟག་ཏུ་ཇ་ལོ་ཐོན་ཚད་ཆག་པ་དང་དཔལ་འབྱོར་ལ་གྱོང་གུན་བཟོ་སྲིད།ཚ་དྲོད་མཐོའི་ཐན་སྐྱོན་གྱིས་ཇ་སྡོང་སྐྱེ་མཚམས་ཆད་དུ་བཅུག་ལ།སྦུ་གུ་མི་འབུས་པ་དང་།སྙིང་གི་ལོ་མ་སྐམ་པ།ལོ་མ་དམར་ཞིང་སྐམ་པ། ལོ་མ་འཚིག་ཁྲ་སོགས་ཀྱི་སྣང་ཚུལ་ཐོན་སྲིད།གནོད་འཚེ་ཚབས་ཆེན་ཡིན་ཚེ་ལོ་མ་སྐམ་པ་དང་ལོ་མ་ལྷུང་བ།ཡལ་ག་མང་པོ་སྐམ་པ་སོགས་ཀྱི་རྣམ་པ་ཐོན།གནོད་འཚེ་ཤིན་ཏུ་ཚབས་ཆེན་ཡིན་པའི་སྐབས་ཇ་སྡོང་ཧྲིལ་པོར་ཆུ་དཀོན་པ་དང་།རྩ་བ་སྐམ་པ།ལོ་མ་ཏད་དེ་ལྷུང་བ།ཡལ་ག་དང་སྡོང་པོ་སྐམ་པ། མཐར་སྡོང་པོ་ཧྲིལ་པོ་སྐམ་པོ་འགྱུར་སྲིད། མཇུག་ཏུ་སྡོང་རྐང་ཧྲིལ་པོ་ཤི།（པར་རིས8-2）

图8–2　西藏茶园高温干旱及其为害症状

པར་རིས8-2 དྲོད་མཐོའི་ཐན་སྐྱོན་གྱི་རྣམ་པ།

应对措施：预防高温干旱主要需根据茶园实际情况，做好茶园灌溉、加强肥培等管理措施，提高茶树的抗旱能力。茶园灌溉是防御高温干旱最直接、有效的措施，因此在茶园建设时应合理修建灌溉设施，提高茶园灌溉能力。在茶园内部种植遮阴树能够有效改善茶园小气候，保持茶园水土，在高温干旱天气下通过减少茶园地表水分蒸发提高茶园湿度。可根据西藏当地气候特点选择种植桃树、苹果树等遮阴树。遮阴树的种植不宜太过密集，尽量少占用茶园面积，同时不影响茶园的常规管理。没有遮阴能力的茶园可采用茶树行间铺草或使用植物秸秆、防晒地膜等进行地面覆盖，尽可能把裸露地表全覆盖，也能有效降低地温、减少土壤水分蒸发，提高茶树的抗旱能力。对幼龄茶园可用稻草直接覆盖，抗高温干旱效果更为显著。茶园应加强水肥管理，增施有机肥，有利于提高茶树的抗旱性，提高茶叶产量。间作绿肥也可增强茶园的抗旱能力，绿肥能覆盖地面，保水降温，也能增加茶园土壤肥力，保证茶叶高产优质。

ཐག་གཅོད་བྱེད་ཐབས། དྲོད་མཐོའི་ཐན་སྐྱོན་གྱི་སྔོན་འགོག་ནི་ཇ་གླིང་གི་དངོས་ཡོད་གནས་ཚུལ་ལ་གཞིགས་དགོས་ཤིང་།ཇ་གླིང་གི་ཆུ་འདྲེན་དང་ལུད་འཇོག་སོགས་ཀྱི་དོ་དམ་བྱ་ཐབས་ལེགས་པར་བསྒྲུབ་ཚེ།ཇ་སྡོང་གི་ཐན་འགོག་ནུས་པ་ཆེ་རུ་གཏོང་ཐུབ།ཇ་གླིང་ལ་ཆུ་འདྲེན་པ་ནི་དྲོད་མཐོའི་ཐན་སྐྱོན་སྔོན་འགོག་བྱ་རྒྱུར་ཕན་ནུས་ལྡན་པའི་བྱེད་ཐབས་ཤིག་ཡིན་པས།ཇ་གླིང་འཛུགས་སྐྲུན་བྱེད་སྐབས་ལུགས་དང་མཐུན་པར་ཆུ་འདྲེན་སྒྲིག་ཆས་ཡོད་དགོས་ལ།ཇ་གླིང་གི་ཆུ་འདྲེན་ནུས་པ་ཇེ་

མཐོར་གཏོང་དགོས།ཇ་སྡིང་ནང་ཁུལ་དུ་བསིལ་འགོག་ལྗོན་ཤིང་བཙུགས་ཚེ་ཇ་སྡིང་གི་གནམ་གཤིས་ཇེ་ལེགས་སུ་གཏོང་ཐུབ་ལ།ཇ་སྡིང་གི་ས་ཆུ་རྒྱུན་འཁྱོངས་བྱས་ནས།དྲོད་ཚད་མཐོ་བའི་གནམ་གཤིས་འོག་ཇ་སྡིང་གི་ས་ངོས་ཀྱི་རླངས་འགྱུར་ཇེ་ཉུང་དུ་བཏང་སྟེ་ཇ་སྡིང་གི་བརླན་བཤེར་ཇེ་ཆེ་རུ་གཏོང་ཐུབ།བོད་ལྗོངས་ཀྱི་བསིལ་འགོག་ལྗོན་ཤིང་འདེམས་སྐབས་ས་གནས་དེ་གའི་ཁྱད་ཆོས་ལ་གཞིགས་ནས་ཁམ་སྡོང་དང་ཀུ་ཤུའི་སྡོང་པོ་སོགས་འདེམས་ན་བཟང་།བསིལ་འགོག་ལྗོན་ཤིང་བཙུགས་སྐབས་སྟུག་ཚད་མང་དྲགས་ན་མི་ལེགས། བཙུགས་ཡུལ་གྱི་ངོས་ནས་ཇ་སྡིང་གི་རྒྱ་ཁྱོན་ཟིན་ཚད་དམའ་བ་དང་།དུས་མཚུངས་སུ་ཇ་སྡིང་གི་རྒྱུན་གཏན་དོ་དམ་ལ་ཤུགས་རྐྱེན་མི་ཐེབས་པ་བྱེད་དགོས།བསིལ་འགོག་ནུས་པ་མེད་པའི་ཇ་སྡིང་དག་གིས་ཇ་སྡོང་གི་བར་གསེང་དུ་རྩྭ་དང་སྙེ་དངོས་སོག་མ།ཉེ་འགོག་འགྲིག་ཤོག་སོགས་འདིང་ནས་ས་ངོས་སུ་འགེབ་དགོས་ལ། གང་ནུས་ངང་ས་རྒྱུ་ཕྱིར་མངོན་པ་ཐམས་ཅད་འགེབ་དགོས། འདི་ལྟར་བྱས་ཚེ་ས་རྒྱུའི་དྲོད་ཚད་ཇེ་དམའ་གཏོང་བ་དང་ས་རྒྱུའི་རླངས་འགྱུར་ཇེ་ཉུང་དུ་བཏང་ནས།ཇ་སྡོང་གི་དྲོད་མཐོ་ཐན་སྐྱོན་འགོག་པའི་ནུས་པ་ཆེ་རུ་གཏོང་ཐུབ།ཇ་སྡིང་གསར་བར་སྙེ་དངོས་སོག་མ་བཀོལ་ནས་ཐད་ཀར་བཀབ་ཆོ།དྲོད་མཐོའི་ཐན་སྐྱོན་འགོག་པའི་ཕན་འབྲས་མངོན་གསལ་ཡིན།ཇ་སྡིང་དུ་ཆུ་ལུད་དོ་དམ་ལ་ཤུགས་སྣོན་བརྒྱབ་ནས་སྙེ་ལྷན་ལུད་མང་དུ་བཞག་ཆོ།ཇ་སྡོང་གི་ཐན་འགོག་རང་བཞིན་ཆེ་རུ་གཏོང་རྒྱུར་ཕན་པ་དང་ཇ་ལོའི་ཐོན་ཚད་ཇེ་མཐོར་གཏོང་ཐུབ།ཞོར་འདེབས་ལྗང་ལུད་ཀྱང་ཇ་སྡིང་གི་དྲོད་མཐོ་ཐན་སྐྱོན་འགོག་པའི་ནུས་པ་ཆེ་རུ་གཏོང་ཐུབ།ས་ངོས་སུ་ལྗང་ལུད་བཀབ་ཆོ།ཆུ་གསོག་དང་དྲོད་ཆགས་ལ་ཕན། དེ་མིན་ཇ་སྡིང་གི་ས་རྒྱུའི་གཤེན་ཚད་ཀྱང་ཇེ་མཐོར་གཏོང་ཐུབ་ལ།ཇ་ལོའི་ཐོན་ཚད་མཐོ་ཞིང་སྤུས་དག་པར་དོན་སྙིང་གལ་ཆེན་ལྡན།

三、水　　涝
གསུམ། ཆོད་སྐྱོན།

为害状：西藏每年6月底及7月初开始进入雨季，降水量大。部分茶园规划与基础设施建设不到位，排水系统建设不完善和灌溉措施不当，因此，在雨水充沛的时节，部分地势较低的茶园易遭受局部水涝，造成茶园减产。轻度水涝会使茶树叶片变黄，分枝稀少，植株矮小、衰败，地下部吸收根减少，根皮颜色由红棕色逐渐转为灰黑色，根层浅，侧根发育不良，向上生长。重度水涝可使茶树根系变黑、脱皮、腐烂，芽叶萎缩，枝条出现灰枯甚至死亡的现象，茶树地上部叶片自然脱落（图8–3）。

གནོད་འཚེའི་རྣམ་པ། བོད་ལྗོངས་སུ་ལོ་ལྟར་ཟླ་དྲུག་པའི་ཟླ་མཇུག་དང་ཟླ་བདུན་པའི་ཟླ་འགོར་ཆར་དུས་སུ་སླེབས་ལ།ཆར་པ་བབས་ཚད་ཆེ།ཇ་གླིང་ཁག་གཅིག་གི་འཆར་འགོད་དང་རྨང་གཞིའི་སྒྲིག་བཀོད་དང་།ཆུ་འབུད་མ་ལག་དང་ཆུ་འདྲེན་བྱེད་ཐབས་འོས་འཚམ་མིན་ཚེ།ཆར་ཆུ་འབབ་པའི་དུས་སུ་ས་བབ་ཅུང་དམའ་བའི་ཇ་གླིང་ཁག་གཅིག་ལ་ཆུ་སྐྱོན་དང་ཞོད་སྐྱོན་ཐེབས་ནས་ཇ་ལོའི་ཐོན་ཚད་རྗེ་ཉུང་དུ་གཏོང་སྲིད།ཞོད་སྐྱོན་ཅུང་ཚབས་ཆུང་ཚེ་ཇ་ལོ་སེར་པོར་གྱུར་པ་དང་།ཡལ་ག་རྗེ་ཉུང་།སྡོང་རྐང་རྗེ་ཐུང་ དང་ཉམས་རྒུད་དུ་འགྲོ་ལུས་འོག་ནས་ཆུ་བསྡུ་ལེན་བྱེད་པའི་རྩད་པ་རྗེ་ཉུང་དུ་འགྲོ་སྲིད།རྩད་པའི་ཁ་མདོག་སྨུག་པོར་གྱུར་པ་ནས་རིམ་གྱིས་ནག་པོར་གྱུར། དེ་མིན་རྩད་པའི་མདོག་སྐྱ་བོར་གྱུར་ལ། མཐར་རྩ་བའི་སྐྱེ་འཚར་མི་ལེགས་ལ་གཞོགས་གི་ཡལ་ག་སྐྱེ་འཚར་བྱུང་སྲིད།ཞོད་སྐྱོན་ཚབས་ཆེན་ཡིན་ཚེ།ཇ་སྡོང་གི་རྩད་པ་ནག་པོར་འགྱུར་བ་དང་པགས་པ་ལྷུང་བ།རུལ་བ་བཅས་ཀྱི་རྣམ་པ་མངོན་ལ། ལོ་མའི་མྱུ་གུ་རྗེ་ཆུང་དང་།ཡལ་ག་སྐམ་ནས་ཤི་བའི་སྣང་ཚུལ་ཐོན་ཅིང་། ཇ་སྡོང་གི་ལོ་མ་རང་ཤུགས་སུ་ལྷུང་སྲིད། （པར་རིས8-3）

图8–3　西藏茶园水涝及其为害症状

པར་རིས8-3 བོད་ལྗོངས་ཇ་གླིང་ལ་ཆུ་གསོག་པ་དང་གནོད་འཚེའི་རྣམ་པ།

应对措施：应在雨季来临前检查、疏通茶园排灌沟渠，从而确保排水正常。另外，对于缺少排水沟渠的茶园，应在园内及四周抢挖排水沟，低洼或地下水位过高的茶园，需开挖1米以上深沟进行排水。在茶园上坡地段按等高线挖好拦洪沟，并连接纵向排水沟，以缓冲水势；纵向排水沟随道路盘曲而下，形成梯级形排水沟，每级水沟的外缘应高于内侧，以防止水土流失。在梯级茶园每梯内侧开横水沟，与纵水沟相通。横水沟一般宽40厘米左右、深20～30厘米，每隔4～8米在沟内筑一略低于梯面或坡面的坚实土埂。沟底向纵水沟倾斜，每隔一定距离设沉积沙坑，以便及时排除积水。山腰设有横向道路的坡地茶园，路的上方应设横水沟，并以此为起点，向上或向下按一定距离设置。涝害后的茶园要尽快排除积水，降低土壤湿度和环境湿度，严防茶树长时间浸泡导致死根、烂根。对于抗涝能力弱的幼龄茶园，宜用水泵直接抽水，及时开沟排水，清沟排渍，减轻渍害、涝害的影响。对水淹时间过长、伤根严重、叶片出现明显枯萎症状的茶树，待表土干燥后，应进行重修剪或深修剪，减少水分蒸发和养分消耗，防止整株死亡。茶园受涝害后茶树根部受损严重，对肥料的吸收能力减弱，不宜进行根部施肥，但可选用0.1%～0.2%的KH_2PO_4、尿素及叶面肥等进行根外追肥。每半个月左右喷施1次，连喷2～3次，待树势复壮后，再施腐熟的人畜粪肥、饼肥或尿素，进行根部追肥。受害后经修剪的茶园，在施有机肥的同时可搭配施用茶园专用复合肥，每亩施有机肥200～300千克，搭配15～20千克的复合肥。

ཐག་གཅོད་བྱེད་ཐབས། ཆར་དུས་སླེབས་ལ་ཉེ་བའི་སྐབས་ཇ་སྤྲིང་གི་ཆུ་འདྲེན་འབུད་ཀ་ཡུར་ལ་ཞིབ་བཤེར་བྱས་ཏེ།ཆུ་འབུད་རྒྱུན་ལྡན་ཡོང་བར་འགན་ལེན་བྱ་དགོས།དེ་མིན།ཆུ་འབུད་ཀ་ཡུར་མེད་པའི་ཇ་སྤྲིང་དག་གིས་ར་སྐོར་ནང་དང་ཕྱོགས་བཞི་ནས་ཆུ་འབུད་ཀ་ཡུར་དང་གཤོང་ས། ཡང་ན་ས་འོག་གི་ཆུ་ཚད་དམའ་བའི་ཇ་སྤྲིང་བརྐོ་དགོས་ཤིང་།སྨི་1ཡན་གྱི་ཆུ་དོང་བརྐོས་ནས་ཆུ་ཕྱིར་འབུད་དགོས།གཟར་ཚད་ཡོད་པའི་ཇ་སྤྲིང་གི་ས་ཆར་མཐོ་དམན་ལ་བལྟས་ནས་ཆུ་ལོག་འགོག་པའི་ཀ་ཡུར་

梁淑敏，晏嫦妤，2016. 茶白星病概况及防治方法研究进展［J］. 广东茶业（z1）：34–37.

刘联平，2001. 茶圆赤星病的发生与综合防治措施［J］. 四川农业科技（8）：38.

刘树峰，2019. 西藏错那县老茶园复壮技术研究［J］. 西藏科技（8）：13–14，19.

骆耀平，2008. 茶树栽培学［M］. 4版. 北京：中国农业出版社.

彭萍，唐敏，侯渝嘉，等，2010. 黄板诱杀茶园黑刺粉虱及假眼小绿叶蝉效果及特性研究［J］. 西南农业学报，23（1）：87–90.

彭萍，徐进，侯渝嘉，2007. 假眼小绿叶蝉性信息素田间诱捕试验［J］. 南方农业，1（1）：77–78.

冉隆珣，玉香甩，曾莉，2009. 云南大叶种茶树茶饼病发生及防治研究［J］. 西南农业学报，22（3）：651–654.

宋湧，2014. 新茶园开垦与茶树种植技术［J］. 福建农业科学（2）：45–47.

孙晓玲，陈宗懋，2009. 茶丽纹象甲防治研究现状及展望［J］. 中国茶叶，31（11）：8–10.

唐颢，唐劲驰，黎健龙，等，2011. 茶园土壤不同培肥模式对茶叶品质的影响［J］. 广东农业科学，38（21）：71–73.

唐劲驰，吴利荣，贾瑞昌，等，2007. 名优茶园节水技术研究［J］. 广东农业科学（7）：20–23.

唐劲驰，吴利荣，吴家尧，等，2011. 初投产茶园氮磷钾配比施用与产量、品质的关系研究［J］. 茶叶科学，31（1）：11–16.

王峰，吴志丹，江福英，等，2012. 绿肥对茶园生态系统的影响及其发展对策［J］. 南方农业学报，43（3）：402–406.

王贞红，刘涛，叶彦辉，2011. 不同茶树良种在西藏短穗扦插的响应研究［J］. 西南大学学报：自然科学版，33（12）：44–47.

王志坤，谭万忠，张克诚，等，2008. 茶树云纹叶枯病病原鉴定及其生物学特性研究［J］. 河南农业科学（4）：67–69，82.

吴光远，曾明森，王庆森，等，2002. 白僵菌871菌株毒理及其防治茶丽纹象甲［J］. 武夷科学，18（1）：156–159.

吴利荣，赵超艺，唐劲驰，等，2009. 嫁接英红九号改造低效益茶园试验研究［J］. 广东农业科学（9）：27–30.

吴金次仁，2023. 西藏低产低效茶园改造主要技术措施及建议［J］. 西藏农业科技，45（1）：5–9.

吴金次仁，旺杰次仁，2023. 西藏茶树无性系良种扦插繁育技术［J］. 西藏农业科技，45（2）：66–69.
夏雨霞，2009. 蛴螬的危害和防治方法［J］. 农村实用科技信息（5）：51.
许爱敏，2009. 防治茶煤病须病虫兼治［J］. 现代园艺（3）：31.
严志方，1985. 试论茶园间作［J］. 中国茶叶（2）：36–37.
杨爽，杨春蕾，田发益，等，2019. 西藏察隅河谷土壤养分状况及宜茶性分析［J］. 高原农业，3（6）：658–663，693.
杨亚军，梁月荣，2014. 中国无性系茶树品种志［M］. 上海：上海科学技术出版社.
杨志信，任伊森，1999. 我国红蜡蚧、日本龟蜡蚧的寄生蜂种类、重要种识别及其抑制害虫作用的评估［J］. 中国南方果树，28（5）：16–18.
姚雍静，王家伦，何莲，等，2010. 黄色诱虫板对茶小绿叶蝉的诱捕效果研究［J］. 茶叶，36（2）：90–92.
张冬燕，荣骅，吴笛，等，2015. 新茶园建设技术措施［J］. 蚕桑茶叶通讯（1）：34–35.
张晓平，1998. 西藏土壤中氟的含量及其分布［J］. 环境科学，19（1）：66–68.
张子威，王贞红，2021. 西藏林芝市高海拔地区茶树设施栽培必要性与技术要点［J］. 农业工程技术，41（19）：64–66.
钟清雯，张梦蝶，侯磊，2021. 西藏林芝市不同功能区土壤重金属潜在生态风险［J］. 高原农业，5（4）：367–373.
钟蓉军，张昆林，2000. 西藏茶区土壤和气候条件研究［J］. 中国茶叶，22（3）：12–13.
周波，黎健龙，唐颢，等，2017. 蚯蚓生物有机培肥对金萱绿茶品质成分的影响［J］. 南方农业学报，48（7）：1261–1265.
周顺玉，尹健，马俊义，2011. 几种植物源农药对2种茶树害虫的防治效果［J］. 安徽农业科学，39（21）：12727–12729.
朱建国，况荣平，刘胜，等，1994. 茶二叉蚜（*Toxoptera aurantii* Fonscolombe）在不同茶树品种上生存能力的差异［J］. 西南农业学报，7（3）：117–120.